高等院校计算机**任务驱动教改**教材

Photoshop CS6
图像处理案例教程

顾艳林　杨　静　付　岩　主　编

萨日娜　王应时　王　鑫　彭殿波　副主编

U0228147

清华大学出版社

北京

内 容 简 介

本书全面系统地介绍了 Photoshop CS6 的基本操作方法和图形图像处理技巧,通过 100 多个典型技能案例讲解了图像处理的基础知识、Photoshop CS6 新增功能、图像的基本操作、图像选区操作、绘画与修饰工具、调整图像的色彩与色调、图层应用、绘制形状及路径、文字应用、通道应用、蒙版应用、滤镜应用和 Photoshop 综合案例等。

本书结构清楚、语言简洁、实例丰富、版式精美,适合 Photoshop 的初、中级读者使用,包括平面设计人员、图像处理类人员、广告设计等,同时也可以作为各类计算机培训中心、高职高专等院校相关专业的教材。

图书在版编目(CIP)数据

Photoshop CS6 图像处理案例教程/顾艳林等主编. —北京:清华大学出版社,2017(2023.8重印)
(高等院校计算机任务驱动教改教材)
ISBN 978-7-302-47490-6

I. ①P⋯　Ⅱ. ①顾⋯　Ⅲ. ①图象处理软件－高等职业教育－教材　Ⅳ. ①TP391.413

中国版本图书馆 CIP 数据核字(2017)第 140419 号

责任编辑:张龙卿
封面设计:徐日强
责任校对:赵琳爽
责任印制:杨　艳

出版发行:清华大学出版社
　　　　网　　　址:http://www.tup.com.cn,http://www.wqbook.com
　　　　地　　　址:北京清华大学学研大厦 A 座　　　　邮　　编:100084
　　　　社 总 机:010-83470000　　　　邮　　购:010-62786544
　　　　投稿与读者服务:010-62776969,c-service@tup.tsinghua.edu.cn
　　　　质量反馈:010-62772015,zhiliang@tup.tsinghua.edu.cn
　　　　课件下载:http://www.tup.com.cn,010-83470410
印 装 者:三河市君旺印务有限公司
经　　销:全国新华书店
开　本:185mm×260mm　　　印　张:23.75　　　字　数:546 千字
版　次:2017 年 8 月第 1 版　　　印　次:2023 年 8 月第 4 次印刷
定　价:59.00 元

产品编号:074882-02

前　言

　　Photoshop CS6 是 Adobe 公司开发的中文版图形图像处理和编辑软件，功能强大、操作界面直观、易学易用，特别受到从事广告设计、杂志、图书封面、招贴画、海报、商标、包装、艺术照等平面设计领域人员的喜爱，并成为这一领域较流行的软件之一。

　　本书以图文并茂的方式，向读者全面阐述了平面设计中常用的操作方法与设计要领。从软件基础讲起，循序渐进地对软件功能进行全面论述，让读者充分熟悉软件的各大功能。同时，结合各领域的实际应用，进行案例展示和制作，并对行业相关知识进行了深度剖析，以辅助读者完成各项平面设计工作。学习完本书后，读者不仅可以掌握这款平面设计软件，还能利用它独立完成平面设计作品。

　　本书各章是按照"本章导读→知识目标→能力目标→软件功能解析→案例操作→思考与练习→实训案例→拓展练习"这一思路进行编排的，知识目标和能力目标让读者了解本章学习的知识点；软件功能解析让读者深入学习软件功能和制作特点；案例操作让读者快速上手，熟悉软件功能和设计思路；思考与练习让学生复习和进一步掌握本章的知识点和设计技巧；实训案例让读者巩固和加强实操能力；拓展练习可以加强读者的自主学习能力和拓展能力。

　　本书在内容编写方面，力求细致全面，从零开始，循序渐进，突出重点、难点；在文字叙述方面，注意言简意赅、通俗易懂，并配有相应的插图；在案例选取方面，强调有针对性和实用性，做到从简单到复杂，从自主学习到拓展学习；在文字排版方面，做到紧凑排版，图文并茂。

　　第一章和第二章由内蒙古财经大学顾艳林编写；第三章和第八章由内蒙古师范大学付岩编写；第四章由内蒙古财经大学萨日娜编写；第五章和第七章由内蒙古财经大学王应时编写；第六章由内蒙古财经大学王鑫编写；第九章和第十章由内蒙古财经大学杨静编写。内蒙古财经大学王春红和何永琴担任本书主审，审阅全稿并对教材内容提出了修改意见和合理化建议，同时参与本书编写与整理的还有彭殿波、袁克刚、刘宇君、包东生、高建强、徐小菁、唐磊等。

　　本书参考和引用了许多著作与网站内容，除非确因无法查证出处的以外,我们在参考文献中都进行了列示。在此,一并表示衷心的感谢。

由于时间有限,本书在内容整合、项目衔接性方面难免存在不当之处,敬请读者批评指正。

编　者

2017 年 5 月

目　录

第 1 章　Photoshop CS6 概述

本章导读

    Photoshop 是 Adobe 公司推出的一款图形图像处理软件,也是目前这一领域较流行的软件之一。Photoshop 是每一个从事平面设计、包装设计、艺术创意、网页制作、图片处理、影像合成等工作的专业人士必备的工具软件。尤其是 CS 套装,也许界面和布局还不够吸引人,但在功能上,Photoshop CS6 这次的更新可以说是变革性的。

    本章为软件初学者介绍 Photoshop CS6 的基本知识、新增功能、工作界面,掌握图像的色彩模式、常用的图像文件格式,掌握图像文件的基本操作。

知识目标

- ➢ Photoshop CS6 的工作界面。
- ➢ Photoshop CS6 新增功能。
- ➢ 图像的色彩模式。
- ➢ 常用的图像文件格式。

能力目标

- ➢ 掌握图像的色彩模式。
- ➢ 掌握常用的图像文件格式。
- ➢ 熟练运用 Photoshop CS6 新增功能。
- ➢ 掌握图像文件的基本操作。

1.1 图像处理基础知识

1.1.1 图像类型

在 Photoshop CS6 中,数字化图像按照记录方式可分为两类:矢量图形和位图图像。

1. 矢量图形

矢量图形是由 Adobe Illustrator 等图形软件制作产生的,主要记录组成图形的线条和色块。例如,一条线段的数据只需记录两个端点的坐标、线段的粗细和色彩等。其优点是文件比较小,图形放大和缩小时,与分辨率无关,不会失真,适合做企业的标识、图形设计、文字设计、一些标志设计和版式设计等。其缺点是绘制出来的图形色彩不够丰富,也不是很逼真。

2. 位图图像

位图是由像素(Pixel)组成的,它存储的是图像中每一个像素点的位置和颜色信息。像素是位图最小的信息单元,存储在图像栅格中。每个像素都具有特定的位置和颜色值。按从左到右、从上到下的顺序来记录图像中每一个像素的信息,如像素在屏幕上的位置、像素的颜色等。位图图像质量是由单位长度内像素的多少来决定的。单位长度内像素越多,分辨率越高,图像的效果越好。位图也称为"位图图像""点阵图像""数据图像""数码图像"。

位图图像是由 Adobe Photoshop 等图像软件制作产生的,它的优点是制作出来的图像色彩和色调十分丰富,可以逼真地表现自然界的景象。其缺点是文件比较大,图形放大和缩小时,会产生失真现象。

1.1.2 像素和分辨率

1. 像素

在 Photoshop CS6 中,像素是组成位图图像的基本单位。它是一个小的方形的颜色块,当图像放到足够大的时候,就可以看到图像越来越模糊,可以看到一个个方形的颜色块。一个颜色块就是一个像素。一幅位图图像通常由许多像素组成,单位面积内的像素越多,图像就越清晰,分辨率也就越高。图像放大后的像素点如图 1-1 所示。

2. 分辨率

分辨率是用于描述图像文件信息的术语。分辨率分为图像分辨率、屏幕分辨率和输出分辨率。

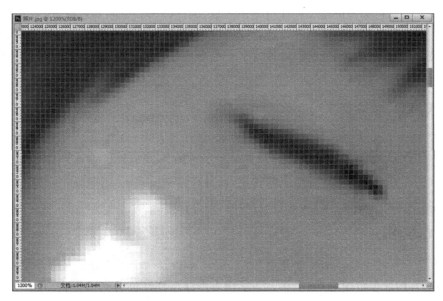

图 1-1　图像放大后的像素点

（1）图像分辨率

图像分辨率是指图像中每英寸所包含的像素数(PPI)。图像分辨率和图像尺寸决定文件的大小及输出质量，该值越大，图像文件所占用的磁盘空间越多，文件大小与其图像分辨率成正比。

（2）屏幕分辨率

屏幕分辨率是指显示器上每单位长度显示的像素数目。屏幕分辨率取决于显示器大小及其像素设置。在 Photoshop CS6 中，图像像素被直接转换成显示器像素，当图像分辨率高于屏幕分辨率时，屏幕中显示的图像比实际尺寸大。

（3）输出分辨率

输出分辨率又称设备分辨率，是指各类输出设备每英寸上可产生的点数，如显示器、喷墨打印机、激光打印机、绘图仪的分辨率。这种分辨率通过油墨点数(DPI)来衡量。目前，PC 显示器的设备分辨率为 60～120DPI，而打印设备的分辨率则为 360～1440DPI。

1.1.3　色彩模式

在 Photoshop 软件中色彩模式用于决定显示和打印图像的颜色类型，决定了如何描述和重现图像的色彩。常见的模式有 HSB(色相、饱和度、亮度)、RGB(红色、绿色、蓝色)、CMYK(青色、品红、黄色、黑色)和 CIE Lab 等。另外，在 Photoshop 软件中还包括灰度、索引等用于颜色输出的模式。

1. RGB 色彩模式

RGB 色彩模式是最常使用的模式，这种模式采用红色、绿色和蓝色作为三原色，其他

3

肉眼所看到的颜色都是由这三种颜色叠加形成,因此该模式也叫加色模式,在该模式下,每一种原色将单独形成一个色彩通道,并且每个色彩通道使用 8 位颜色的信息,即该信息颜色的亮度由 0～255 个亮度值,通过这三个色彩通道的组合,可以产生 1670 余万种不同的颜色。

2. CMYK 色彩模式

CMYK 色彩模式是一种最佳的印刷模式,C 代表青色,M 代表品红、Y 代表黄色、K 代表黑色。CMYK 色彩模式是一种减色模式,与 RGB 色彩模式产生色彩的原理不同。这种模式的图像文件占用的存储空间较大,而且在这种模式下,Photoshop 中很多滤镜不能用,所以只有在印刷时才将图像模式转换为 CMYK 色彩模式。

3. Lab 色彩模式

Lab 色彩模式是以一个亮度分量 L(Lightness)以及两个颜色分量 a 与 b 来表示颜色的。其中,L 的取值范围为 0～100,a 分量代表由绿色到红色的光谱变化,而 b 分量代表由蓝色到黄色的光谱变化,且 a 和 b 分量的取值范围均为－120～120。由于该模式是目前所有模式中包含色彩最广的色彩模式,所以,它是 Photoshop 在不同色彩模式之间转换时使用的中间色彩模式。

4. 多通道模式

多通道模式包含了多种灰阶通道,每一个通道均由 256 级灰阶组成。这种模式通常被用来处理特殊打印需求,例如,将某一灰阶图像以特殊色打印。

如果删除了 RGB、CMYK 色彩模式中的某个通道,则该图像会自动转换为多通道模式。

5. 索引色彩模式

索引色彩模式又叫图像映射色彩模式,这种模式的像素只有 8 位,即图像只有 256 种颜色。该模式在印刷中很少使用,但是,由于这种模式能大大减小图像文件的存储空间(大约只有 RGB 色彩模式的 1/3),因此,这种模式的图像多用于作为网页图像与多媒体图像。

6. 灰度色彩模式

与黑白照片一样,一个灰度模式的图像只有明暗值,没有色相与饱和度这两种颜色信息,灰度色彩模式中只有灰度信息而没有彩色,Photoshop 将灰度图像看成只有一种颜色通道的数字图像。

1.1.4 图像文件格式

图像文件格式是指计算机存储图像信息的格式。在进行图像处理时,采用什么样的格式保存图像与图像文件的用途是密切相关的。下面将介绍 6 种常用的图像文件格式。

1. PSD 格式

PSD 格式是 Photoshop 软件默认的存储文件类型。此格式不仅支持所有的色彩模式(位图、灰度、双色调、RGB、索引颜色、CMYK、Lab 和通道),而且还可以将图层、通道、辅助线等保存在图像中,便于图像的再次调整、修改和编辑。该格式的优点是存储的信息多,缺点是文件较大。

2. JPEG 格式

JPEG 格式是一种应用非常广泛的文件格式,它支持 CMYK、RGB 和灰度模式,可以保存图像的路径,但不能保存 Alpha 通道。此格式是一种有损失的文件压缩格式,压缩级别越高,图像文件品质越差,文件也就越小。

3. GIF 格式

GIF 格式是由 CompuServe 提供的一种无损压缩的图像格式。此格式是 256 色 RGB 图像格式,文件尺寸小,支持透明背景,适合在网页中使用。另外,GIF 还可以是动画格式。

4. TIFF 格式

TIFF 格式是绝大多数扫描仪和图像软件都支持的一种文件格式。它采用无损压缩方式,支持包括一个 Alpha 通道的 RGB、CMYK、灰度模式,以及不含 Alpha 通道 Lab 颜色、索引颜色、位图模式,并且可以设置透明背景。

5. PDF 格式

PDF 格式是由 Adobe 公司推出的用于网上出版的一种文件格式。此格式支持超链接,因此网络下载经常使用这种文件格式。它支持 RGB、索引、CMYK、灰度、位图和 Lab 等色彩模式,不支持 Alpha 通道。

6. BMP 格式

BMP 格式可以被多种 Windows 和 OS/2 应用程序所兼容。它采用的是无损压缩,因此图像完全不失真,但是图像文件尺寸较大。它支持 RGB、索引、灰度及位图等色彩模式,不支持 Alpha 通道。

1.1.5　案例操作

【案例 1-1】　主要结合文件操作命令和色彩模式转换的命令,制作"黑白照片"。

step 01　执行【文件】→【打开】命令,打开"素材\chapter01\素材 1.jpg"文件,如图 1-2 所示。

step 02　执行【图像】→【模式】→【灰度】命令,扔掉所有的颜色信息后,效果如图 1-3

图 1-2　素材 1.jpg 的 RGB 色彩模式

图 1-3　素材 1.jpg 的灰度色彩模式

所示。

step 03 执行【文件】→【存储为】命令，参数如图 1-4 所示，将文件保存为"1-1_end. psd"。

图 1-4 　【存储为】对话框中设置参数

1.2　Photoshop CS6 介绍

1.2.1　Photoshop CS6 的启动与退出

掌握 Photoshop CS6 软件的启动与退出是学习软件的必要条件。下面介绍 Photoshop CS6 的启动与退出。

1. 启动

启动 Photoshop CS6 的常用方法有 3 种。

（1）从【开始】菜单启动。执行【开始】→【所有程序】→Adobe Photoshop CS6 命令，即可启动 Photoshop CS6 程序。

（2）直接双击桌面上的快捷方式图标 **Ps** ，即可启动 Photoshop CS6 程序。

（3）在 Windows 资源管理器中双击 Photoshop CS6 文档文件，即可启动 Photoshop CS6 程序。

2. 退出

退出 Photoshop CS6 的常用方法有 4 种。

（1）通过【文件】菜单退出。执行【文件】→【退出】命令，即可退出 Photoshop CS6 程序。

（2）通过标题栏退出。单击 Photoshop CS6 标题栏左侧的图标 **Ps** ，在弹出的下拉菜单中选择【关闭】命令，如图 1-5 所示，即可退出 Photoshop CS6 程序。

（3）单击【关闭】按钮退出。单击 Photoshop CS6 界面右上角【关闭】按钮 ，也可以退出 Photoshop CS6 程序。如果用户的文件没有保存，程序会弹出一个"对话框"，提示用户是否保存。如果用户的文件已经保存过，程序则直接关闭，如图 1-6 所示。

图 1-5　弹出的下拉菜单　　　　　　　　　　图 1-6　【关闭】对话框

（4）利用组合键退出。按住 Alt＋F4 组合键退出 Photoshop CS6 程序。如果用户的文件没有保存，程序会弹出一个"对话框"，提示用户是否保存。如果用户的文件已经保存过，程序则直接关闭，如图 1-6 所示。

1.2.2　Photoshop CS6 的桌面

Photoshop CS6 给所有读者的印象就是操作界面简洁实用、功能强大而操作方便。熟悉这个工作环境，将是熟练使用 Photoshop CS6 的开始。若读者对 Windows 操作系统比较熟悉，或是使用过 Office 等软件，要理解 Photoshop CS6 的窗口元素，应该是非常容易的。下面就讲解一下 Photoshop CS6 的窗口界面，如图 1-7 所示。

图 1-7　Photoshop CS6 的窗口界面

从图 1-7 中可以看出，一个完整的 Photoshop CS6 窗口界面由菜单栏、属性栏、工具箱、【控制】面板、状态栏、被操作的文件等组成。

1．菜单栏

Photoshop CS6 主窗口中的菜单栏，为整个环境下的所有窗口提供菜单控制。菜单栏中共包含 11 个菜单命令，这些菜单允许用户方便地管理整个主窗口的布局，配置 Photoshop CS6 环境，编辑和调整图像，获得在线帮助等。

2．属性栏

利用属性栏可以完成对工具箱各种工具的参数调整与设置。在工具箱中选择某个工具后，该工具相应的选项将显示在属性栏中，图 1-8 为激活渐变工具后的属性栏显示状态。

图 1-8　渐变工具属性栏

3．工具箱

Photoshop CS6 的工具箱中包含了 60 多种工具，大致可以分为选区工具、绘画工具、修饰工具、颜色设置工具以及显示控制工具等几类。要具体使用某种工具，只要单击该工具即可。在工具箱中，一些工具的右下角有一个小三角符号▶，这表示该工具属于一个工具组，其中有未显示的隐藏工具。单击工具图标右下角的小三角，即可弹出被隐藏的工具，移动鼠标光标在某个工具上释放鼠标键时，该工具即被选为当前的工具。图 1-9 显示

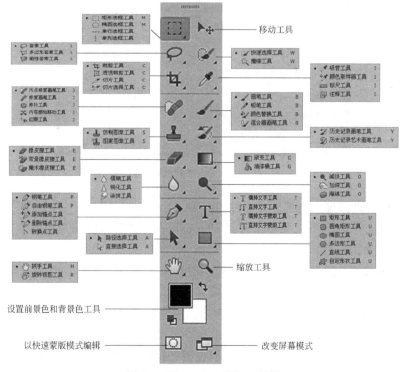

图 1-9　Photoshop CS6 工具箱

9

了工具箱中的所有工具。

操作技巧

在实际操作中，Photoshop CS6 中工具箱可以根据需要在单栏和双栏之间进行自由切换。单击工具箱上的■按钮即可实现转换。

1.3 Photoshop CS6 图像操作

1.3.1 图像文件的基本操作

1. 创建图像文件

要创建一个图像文件，可执行【文件】→【新建】命令或者按 Ctrl＋N 组合键，弹出如图 1-10 所示的对话框。

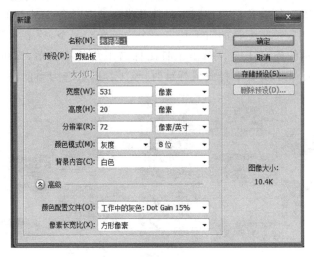

图 1-10 【新建】对话框

- 名称：在此处输入新建图像文件的名字。
- 预设大小：可从下拉菜单中选择 Photoshop 为各种目的而预设的多种图像尺寸和分辨率的组合。
- 宽度和高度：图像的大小尺寸。其单位有像素、英寸、厘米、毫米和点等。
- 分辨率：默认情况下分辨率为 72 像素/英寸。如果制作一般网页上的图像，分辨率设置为 72 像素/英寸或 100 像素/英寸；若是制作用于印刷的图像，分辨率应设置为 300 像素/英寸。
- 色彩模式：设置图像的色彩模式，有位图、灰度、RGB 颜色、CMYK 颜色和 Lab 颜色等模式。

- 背景内容：新建文件的背景颜色。有白色、背景色和透明色。
- 颜色配置文件：精确、一致的色彩管理要求所有的颜色设备具有准确的符合 ICC 规范的配置文件。
- 像素长宽比：用来设置图像的长宽比例。

2. 打开图像文件

要打开一个图像文件,可执行【文件】→【打开】命令或者是按 Ctrl＋O 组合键。

3. 保存图像文件

Photoshop 支持多种文件格式,默认的 Photoshop 格式为".psd",也可以根据实际需要将图像保存为不同格式的文件。如果尚未给图像命名,执行【文件】→【存储】命令或者按 Ctrl＋S 组合键,则会弹出一个【存储为】对话框,如图 1-11 所示;若以前曾保存过该文件,现在要改变文件格式、存储位置或者文件名,可执行【文件】→【存储为】命令,也会弹出一个【存储为】对话框,如图 1-11 所示。

图 1-11　【存储为】对话框

1.3.2　图像的基本操作

1. 调整图像尺寸

调整图像尺寸是指在保留所有图像的情况下通过改变图像的比例来实现图像尺寸的调整。图像质量的好坏与图像的大小、分辨率有很大的关系,分辨率越大,图像越清晰,文件所占空间也越大。执行【图像】→【图像大小】命令可以调整图像的尺寸,如图 1-12 所示。

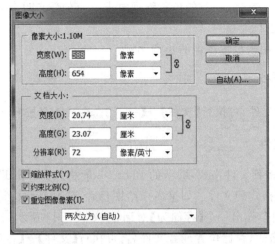

图 1-12 【图像大小】对话框

在【图像大小】对话框中,各参数选项的含义如下。

* "像素大小"选项组:用于改变图像在屏幕上的显示尺寸。
* "文档大小"选项组:用于设置文档的宽度、高度和分辨率,以确定图像大小。
* "缩放样式"复选框:勾选该复选框,将按比例缩放图像中的图层样式效果。
* "约束比例"复选框:勾选该复选框,在宽度和高度文本框后将出现 ℬ 标志,更改其中一项后,另一项将按原图像比例产生相应变化。
* "重定图像像素"复选框:勾选该复选框,将激活"像素大小"选项组中的参数,以改变像素大小。取消勾选该复选框,像素大小不发生变化。

2. 调整画布大小

画布是显示、绘制和编辑图像的工作区域。调整画布大小可以在一定程度上影响图像大小。放大画布时,会在图像四周增加空白区域,而不影响原有的图像;缩小画布时,会裁剪不需要的图像边缘。执行【图像】→【画布大小】命令,弹出如图 1-13 所示的对话框,在该对话框中可以设置扩展画布的宽度和高度,并能对画布扩展区域进行定位。

3. 旋转图像

在图像处理过程中,由于图像的角度不正,或者方向不精确,可以执行【图像】→【图像旋转】命令进行修正,如图 1-14 所示。

4. 裁剪图像

在图像处理过程中,经常要把画布大小和图像中的对象的大小进行匹配,选择工具箱中的裁剪工具组中的裁剪工具,可将图像不需要的部分剪去,从而改变图像大小。裁剪工具组包括裁剪工具、透视裁剪工具、切片工具和切片选择工具,如图 1-15 所示。

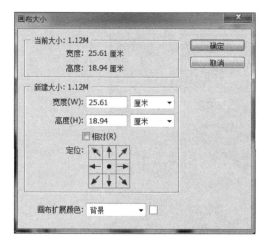

图 1-13　【画布大小】对话框

图 1-14　【图像旋转】命令

图 1-15　裁剪工具组

1.3.3　图像辅助工具

Photoshop 提供了很多辅助用户处理图像的工具,这些工具对图像不做任何修改,但是在处理图像时可以提供移动、缩放、测量和定位等。标尺和参考线在视图菜单中,抓手工具和缩放工具在工具箱中。

1. 标尺

标尺用来显示当前鼠标指针所在位置的坐标,使用标尺可以准确地对齐对象,或精确选取一定范围的图像或者选区。

2. 参考线

参考线是浮在图像上但不打印的线,方便对齐图像,精确定位图像。

3. 抓手工具

当把图像放大到一定比例时,图像在画布中只能看到一小部分内容。如果要查看图像的其他部分,可以利用工具箱中的抓手工具。

4. 缩放工具

使用工具箱中的缩放工具,可以对图像进行放大和缩小操作。

1.3.4　案例操作

【案例 1-2】　本案例主要结合文件操作命令、裁剪工具和辅助工具进行截图。

step 01 执行【文件】→【打开】命令,打开"素材＼chapter01＼素材 2.jpg"文件,如

13

图 1-16 所示。

图 1-16　素材 2.jpg

step 02 执行【视图】→【标尺】命令，打开标尺，如图 1-17 所示。

图 1-17　打开标尺

step 03 鼠标光标移动到水平标尺上，按住鼠标左键拖曳，拉出如图 1-18 所示的两条水平参考线。同理，鼠标光标移动到垂直标尺上，按住鼠标左键拖曳，拉出如图 1-19 所示的两条垂直参考线。

step 04 选择工具箱中的裁剪工具，属性栏参数默认，在窗口中按住鼠标左键拖曳，绘制一个长方形选区，如图 1-20 所示。

step 05 选择属性栏中的"提交当前裁剪操作"✔按钮，最终效果如图 1-21 所示。

14

图 1-18　水平参考线

图 1-19　垂直参考线

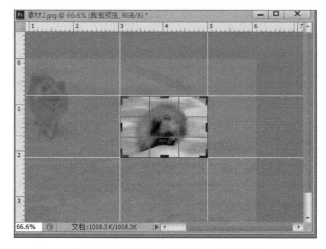

图 1-20　用裁剪工具绘制长方形选区

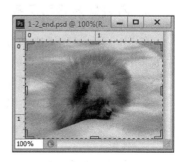

图 1-21　最终效果

15

1.4 Photoshop CS6 新增功能

在 Photoshop CS6 中,新增了很多功能,使软件的界面与功能结合得更加完美,各种命令与功能不仅得到了很好的扩展,还最大限度地为用户操作提供了简洁、有效的途径。

1. 全新的设计界面

Photoshop CS6 采用全新的设计界面,为了方便操作,用户可以对工作场景等进行调整,也可以通过执行【编辑】→【首选项】→【界面】命令,打开【首选项】对话框进行其他选项的设置,如图 1-22 所示。

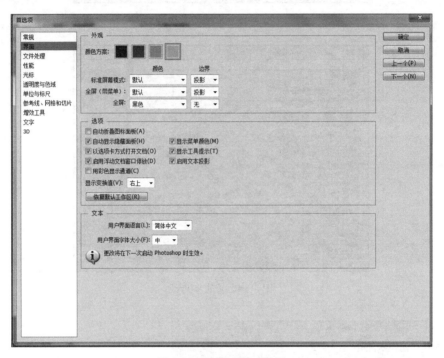

图 1-22 【首选项】对话框

2. 内容感知移动工具

在 Photoshop CS6 中增加一个新的工具——内容感知移动工具,它能在用户移动图片中选中某个物体时,智能填充物体原来的区域,如图 1-23 和图 1-24 所示。

选择工具箱中的内容感知移动工具,其属性工具栏中相关参数如图 1-25 所示。

工具栏中主要各选项含义如下。

- 模式:使用移动模式将选定的对象置于不同的位置,使用扩展模式可扩展或收缩对象。
- 适应:选择控制新区域反映现有图像模式的紧密程度。

图 1-23　素材 3.jpg

图 1-24　运用内容感知移动工具后的效果

图 1-25　内容感知移动工具属性栏

- 对所有图层取样：勾选该复选框，可以使所有图层的信息在选定的图层中创建移动效果。

3．透视裁剪工具

工具箱中的透视裁剪工具是 Photoshop CS6 中的新增工具，该工具可以在裁剪的同

17

时方便地矫正图像的透视错误,即对倾斜的图像进行矫正。其属性栏如图 1-26 所示。

图 1-26　透视裁剪工具属性栏

属性栏中主要各选项含义如下。

- W/H 参数输入框:在框中可以输入需要的尺寸。
- 像素/英寸:单击该按钮,可以设置裁剪后图像的单位。
- 前面的图像:单击该按钮,可以使裁剪后的图像与之前打开的图像大小相同。
- 清除:单击该按钮,可以清除输入框中的数值。
- 显示网格:勾选显示网格,则显示裁剪框的网格;不勾选,则仅显示外框线。

4. 3D 功能

3D 功能是 Photoshop CS6 中新增的一大亮点,简化的界面提供了画布上场景编辑,可直观地创建 3D 图稿。还可以轻松将阴影拖动到所需要的位置,将 3D 对象制作成动画,为 3D 对象提供素描或卡通外观,如图 1-27 所示。

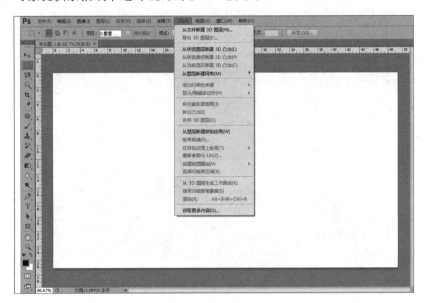

图 1-27　3D 菜单

另外,在工具箱中新增了 3D 材质拖放工具和 3D 材质吸管工具,在参数设置面板中 3D 选项也有很多,包括交互式渲染、交互式阴影质量等,如图 1-28 所示。

5. 视频

Photoshop CS6 提供了功能强大的视频编辑功能,用户可以通过视频处理功能来处理拍摄的视频文件,也可以利用视频工具对视频文件进行任意处理剪辑,制作出精美的影片。

用户可以通过执行【导入】命令将需要处理的视频导入 Photoshop 工作区进行编辑

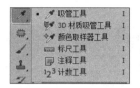

图 1-28　工具箱中的 3D 工具

（见图 1-29），然后在时间线上添加素材，单击时间线前面的胶片图标按钮，然后在弹出的下拉列表中选择"Add Media 添加媒体文件素材"选项，在此用户可以为添加图片、视频、音频等素材。

图 1-29　导入视频

Photoshop CS6 还可以通过设置关键帧的形式来设置素材的动画效果，关键帧的设置也是和 Premiere 非常相似的，用户可以通过设置素材的位置、透明度、风格来得到丰富多彩的动画效果。

6. 模糊滤镜功能

Photoshop CS6 新增 3 个全新的滤镜，分别是场景模糊、光圈模糊和倾斜偏移。执行【滤镜】→【模糊】选项组中【场景模糊】、【光圈模糊】和【倾斜偏移】命令快速创建摄影模糊效果。如图 1-30～图 1-33 所示。

图 1-30　素材 4.jpg

19

图 1-31　场景模糊效果

图 1-32　光圈模糊效果

7. 图层增加功能

在【图层】面板的顶部,使用新的过滤选项可以快速在复杂的文档中找到关键层,显示基本种类、名称、效果、模式、属性或颜色标签的图层子集。用户可以使用【属性】面板,快速修改在【图层】面板中选择图层组件,如图 1-34 所示。

图 1-33　倾斜偏移效果　　　　　　　　　　图 1-34　图层增加功能

8．光效库

使用新的 64 位光照效果画廊，提供画布控制和预览功能，轻松实现照明增加可视化。
【光照效果】滤镜可以在 RGB 图像上产生无数种光照效果，也可以使用灰度文件的纹理产
生类似于 3D 效果，并存储成新样式，以便在其他图像中使用，如图 1-35 所示。

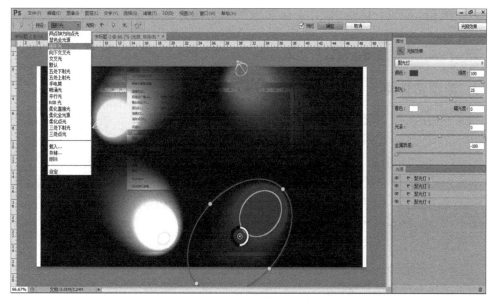

图 1-35　光照效果

本 章 小 结

通过本章的学习,应该掌握图像的色彩模式、常用的图像文件格式、图像文件的基本操作,熟练运用 Photoshop CS6 新增功能。

思考与练习

1. 填空题

(1) 常用的色彩模式有_____、_____、_____、_____和_____。

(2) 如果图像用于印刷输出,则应将图像的分辨率设置为_____像素/英寸或更高。

(3) 一幅图像中,每单位长度能显示的_____称为该图像的分辨率。

(4) 可以保存图像中的参考线、Alpha 通道和图层,并支持所有图像模式的文件格式是_____。

(5) 能够大幅度降低文件大小,支持 CMYK、RGB 和灰度颜色模式,也可以保存图像中的路径,但无法保存 Alpha 通道的文件格式是_____。

(6) 利用_____命令可以改变图像大小。

(7) 在 Photoshop CS6 中,数字化图像按照记录方式可分为_____和_____两类。

(8) Photoshop 图像最基本组成单位是_____。

2. 单项选择题

(1) 下面的( )功能不属于 Photoshop 的基本功能。

    A. 处理图像大小和分辨率   B. 绘画

    C. 色调和色彩   D. 文字处理和排版

(2) Photoshop 默认的图像文件格式的后缀为( )。

    A. PSD   B. BMP   C. PDF   D. TIF

(3) 下面的组合中,( )不是用于保存图像的。

    A. Ctrl+S   B. Ctrl+Shift+S

    C. Shift+S   D. Ctrl+Alt+Shift+S

(4) 图像分辨率单位是( )。

    A. dpi   B. ppi   C. lpi   D. pixel

(5) 下列工具中,( )不属于辅助工具。

A. 参考线和网格　　　　　　　　　　B. 标尺和度量工具

C. 画笔工具和铅笔工具　　　　　　　D. 缩放工具和抓手工具

3. 问答题

（1）位图和矢量图的区别是什么？

（2）".jpg 格式"文件、".gif 格式"文件和".psd 格式"文件的区别是什么？

（3）退出 Photoshop 程序有哪几种方法？

实 训 案 例

【**案例 1-3**】　制作毕业光盘封面。

【**实训目的**】

（1）掌握文件操作命令的使用方法。

（2）掌握编辑选区的命令。

（3）掌握辅助工具的使用方法。

【**实训内容**】

本案例主要结合文件操作命令、选区工具、辅助工具制作毕业光盘封面。

step 01　执行【文件】→【打开】命令，打开"素材\chapter01\素材 5.jpg"文件，如图 1-36 所示。

图 1-36　素材 5.jpg

step 02 执行【视图】→【标尺】命令，打开标尺显示。分别单击水平标尺和垂直标尺并拖动鼠标创建水平参考线和垂直参考线，结果如图 1-37 所示。

图 1-37　打开标尺并拖出水平参考线和垂直参考线

step 03 选择工具箱中的椭圆选框工具，将属性栏中【羽化】选项值设为 0，将光标移到参考线的交点位置并单击，并按 Alt＋Shift 组合键拖动鼠标，以参考线的交点为圆心，制作一个圆形选区，结果如图 1-38 所示。

图 1-38　绘制圆形选区

step 04 执行【选择】→【反向】命令,反向选择并按 Delete 键,弹出【填充】对话框,如图 1-39 所示,并以背景色填充选区,如图 1-40 所示。

图 1-39　【填充】对话框

图 1-40　填充后效果

step 05 执行【选择】→【反向】命令,反向选择选区,再执行【选择】→【变化选区】命令,如图 1-41 所示。

step 06 单击鼠标,按住选区变化手柄,并按 Alt＋Shift 组合键拖动鼠标将选区缩小,如图 1-42 所示。确定选区变化操作后按 Delete 键,以背景色填充选区,按 Ctrl＋D 组合键执行【取消选区】命令,如图 1-43 所示。

step 07 执行【视图】→【取消参考线】命令,取消所有的参考线,选择工具箱中的裁剪工具来裁剪图片,最终效果如图 1-44 所示。

step 08 执行【文件】→【存储为】命令,将文件保存为"1-3_end. psd"。

图 1-41　应用【变化选区】命令的效果

图 1-42　缩小选区

26

图 1-43　填充背景色

图 1-44　最终效果

【案例 1-4】 拼接大幅的扫描图像

【实训目的】

（1）掌握文件操作命令的使用方法。

（2）掌握图像的基本操作。

【实训内容】

本案例主要结合文件操作命令、选区工具、【画布大小】命令、调整图像色彩命令和裁剪图像命令完成两个图像的拼接。

step 01 执行【文件】→【打开】命令，打开"素材\chapter01"目录中的"素材 6.jpg"和"素材 7.jpg"文件。如图 1-45 所示。

图 1-45 素材 6.jpg 和素材 7.jpg

step 02 选择"素材 7.jpg"图像文件，按 Alt 键的同时，单击状态栏中间的显示图像文件信息区域，从弹出的信息框中记下该图像文件的"宽度"值，如图 1-46 所示。

step 03 选择"素材 6.jpg"图像文件，然后执行【图像】→【画布大小】命令，在打开的对话框中将画布的宽度加长至两个图像文件的宽度之和，并利用【定位】区设置图像延伸的方向，如图 1-47 所示。

step 04 单击对话框中的【确定】按钮，得到如图 1-48 所示的效果。

step 05 选择"素材 7.jpg"图像文件，然后选择工具箱中的移动工具，将图像拖至"素材 6.jpg"图像文件中，并置于基本对齐的位置，如图 1-49 所示。此时在【图层】面板中自动生成"图层 1"。

step 06 设置"图层 1"的【不透明度】为 50%，然后执行【图像】→【调整】→【反相】命令，反转图像色彩，如图 1-50 所示。

宽度: 474 像素(16.72 厘米)
高度: 390 像素(13.76 厘米)
通道: 3(RGB 颜色，8bpc)
分辨率: 72 像素/英寸

图 1-46　素材 7 文件信息框　　　　　　图 1-47　【画布大小】对话框

图 1-48　调整画布的效果

图 1-49　将素材 7 放置在素材 6 图像文件中

图 1-50　调整图层【不透明度】及反转色彩后的图像效果

step 07 选择工具箱中的移动工具，向左移动图像直到精确对齐为止，如图 1-51 所示。

图 1-51　对齐图像

step 08 完成对齐操作后，执行【图像】→【调整】→【反相】命令，反转图像色彩，并恢复 "图层 1" 的【不透明度】为 100%，如图 1-52 所示。

step 09 选择工具箱中的矩形选框工具，在其属性栏中设置【羽化】选项值为 15 像素，如图 1-53 所示。在 "图层 1" 上建立如图 1-54 所示的选区。

30

图 1-52　反转色彩及【不透明度】为 100%时的图像效果

图 1-53　矩形选框工具属性栏

图 1-54　建立羽化的选区

step 10　按 Delete 键删除选区内的图像,消除图像重叠部分出现色调不一样的接缝,并执行【选择】→【取消选择】命令,取消选区,如图 1-55 所示。

step 11　选择"图层 1",执行【图像】→【调整】→【亮度/对比度】命令,弹出【亮度/对比度】对话框,参数设置如图 1-56 所示,调整图像后的效果如图 1-57 所示。

step 12　执行【图层】→【拼合图像】命令,合并"图层 1"和"背景层",然后选择工具箱

图 1-55　取消选区后的图像

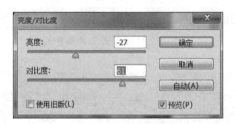

图 1-56　【亮度/对比度】对话框

图 1-57　调整【亮度/对比度】后的图像效果

中的裁切工具,裁剪图像的最终效果如图 1-58 所示。

图 1-58　拼接图像后的最终效果

step 13　执行【文件】→【存储为】命令,将文件保存为"1-4_end.psd"。

拓 展 练 习

拓展　制作手镯。

【实训知识点要求】　结合标尺、参考线、椭圆选框工具、Delete 命令,绘制一个手镯,素材与最终效果如图 1-59 和图 1-60 所示。

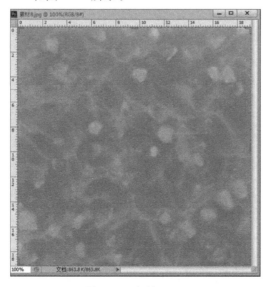

图 1-59　素材 8.jpg

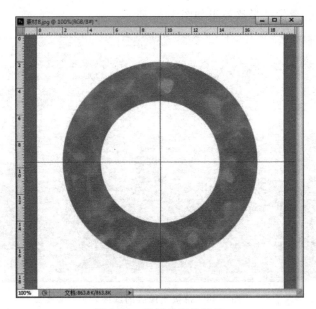

图 1-60   手镯的最终效果

第2章 图像的基本操作

本章导读

　　在 Photoshop 中,不论是绘图还是图像处理,经常要对图像的局部内容进行编辑,所以图像的选取是操作的基础。本章主要介绍 Photoshop CS6 选区的概念,介绍规则选区、不规则选区、颜色选区的制作方法,选区的修改与编辑、图像变换等方面的知识。通过本章内容的学习,学生应能熟练运用选区工具。

知识目标

　　➢ 选区工具的使用。
　　➢ 选区的操作技巧。
　　➢ 图像的变换。

能力目标

　　➢ 熟练运用工具创建规则选区。
　　➢ 熟练运用工具创建不规则选区。
　　➢ 熟练运用工具创建颜色选区。
　　➢ 熟练运用命令创建随意选区。
　　➢ 熟练编辑及修改选区的操作。
　　➢ 熟练变换图像的操作。

2.1　规则选区工具

在 Photoshop CS6 中,提供了 4 个创建规则选区的选框工具,分别是矩形选框工具、椭圆选框工具、单行选框工具和单列选框工具,如图 2-1 所示。

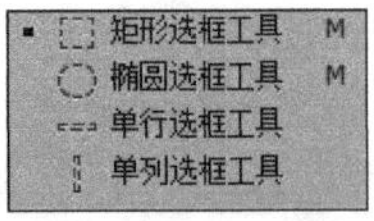

图 2-1　规则选区工具

2.1.1　矩形选框工具

在 Photoshop CS6 中,使用矩形选框工具可以创建一个矩形或正方形选区。选择矩形选框工具后,将会显示出该工具的属性栏,其各选项的功能介绍如图 2-2 所示。

图 2-2　矩形选框工具属性栏

- 【当前工具】按钮 : 该按钮显示的是当前所选择的工具,单击该按钮可以弹出工具箱的快捷菜单,可以调整工具相关参数的设置。
- 【新选区】按钮 : 去除旧选区,绘制新选区。
- 【添加到选区】按钮 : 在原有的选区上增加新选区的部分。
- 【从选区减去】按钮 : 在原有的选区上减去新选区的部分。
- 【与选区交叉】按钮 : 选择新旧选区重叠的部分。
- 【羽化】文本框: 使选区边缘模糊,羽化值越大,选区边缘模糊程度越高。
- 【样式】下拉列表: 通过"正常""固定比例"和"固定大小"3 个选项来设置选区的形状。

操作技巧

> 　　按 M 键,可以快速选择矩形选框工具。再结合以下按键,可以创建不同形状的选区。
> 　　按住 Shift 键的同时拖曳鼠标左键,可以创建正方形选区。
> 　　按住 Alt 键,可以创建以鼠标指针起点为中心的矩形选区。
> 　　按住 Alt ＋Shift 组合键,可以创建以鼠标指针起点为中心的正方形选区。

2.1.2　椭圆选框工具

在 Photoshop CS6 中,使用椭圆选框工具可以创建一个椭圆选区或圆形选区。

2.1.3　案例操作

【案例 2-1】　本案例主要结合文件操作命令和矩形选框工具来绘制正方形。

step 01　执行【文件】→【打开】命令，打开"素材\chapter02\素材 1.jpg"文件。

step 02　选择工具箱中的矩形选框工具，在窗口中按住 Shift 键的同时拖曳鼠标绘制一个正方形选区，再按 Ctrl＋V 组合键执行【粘贴】命令，如图 2-3 所示。

图 2-3　正方形选区

step 03　执行【文件】→【新建】命令，新建一个大小为 768 像素×1024 像素、颜色模式为 RGB、背景内容为白色、分辨率为 72 像素/英寸的文件。并按 Ctrl＋V 组合键执行【粘贴】命令，如图 2-4 所示。

图 2-4　复制正方形选区的效果

【案例 2-2】 本案例主要结合文件操作命令和椭圆选框工具来绘制椭圆形。

step 01 执行【文件】→【打开】命令，打开"素材\chapter02\素材 2.jpg"文件。

step 02 选择工具箱中的椭圆选框工具，设置属性栏中【羽化】选项值为 15 像素，在窗口中拖动鼠标左键绘制出一个椭圆形选区，并按 Ctrl＋C 组合键执行【复制】命令，如图 2-5 所示。

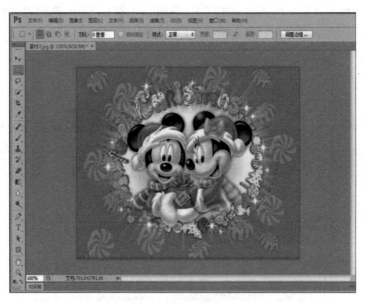

图 2-5　椭圆形选区

step 03 执行【文件】→【新建】命令，新建一个大小为 768 像素×1024 像素、颜色模式为 RGB、背景内容为白色、分辨率为 72 像素/英寸的文件。并按 Ctrl＋V 组合键执行【粘贴】命令，如图 2-6 所示。

图 2-6　复制椭圆形选区的效果

step 04　执行【文件】→【存储为】命令，将文件保存为"2-2_end. psd"。

2.2　不规则选区工具

不规则选区工具是指比较随意、自由、不受具体某个形状制约的选区，这是在实际操作应用中比较常用的工具。在 Photoshop CS6 中，提供了 3 个创建不规则选区的选框工具，分别是套索工具、多边形套索工具和磁性套索工具，如图 2-7 所示。

```
● ♀ 套索工具            L
  ▽ 多边形套索工具        L
  ♀ 磁性套索工具          L
```

图 2-7　不规则选区工具

2.2.1　套索工具

使用套索工具可以创建任意形状的选区。操作时，只根据需要，拖曳鼠标在图像窗口中随意绘制即可创建选区。

操作技巧

> 如果所绘制的轨迹是一条闭合选区，则所建选区为闭合曲线；如果轨迹是一条非闭合曲线，则套索工具自动将该曲线的两个端点以直线方式连接，从而形成一个闭合选区。

2.2.2　多边形套索工具

使用多边形套索工具可以创建具有直线轮廓的不规则选区。操作时，在图像中单击一点作为选区的起始点，然后沿着要创建选区的轨迹依次单击鼠标，创建其他点，最后将光标移动到起始点后单击鼠标，创建出所要的多边形选区。

2.2.3　磁性套索工具

磁性套索工具是根据颜色像素自动查找边缘，生成与选择对象最为接近的选区。适合选择图形与背景反差较大的图像，图形与背景反差越大，选取的精确度越高，因此用户可利用该工具精确定位图形边界。

对于磁性套索工具，除了可通过与其对应的属性栏设置【羽化】和【清除锯齿】选项值外，还设置了其他几个参数，如图 2-8 所示。

图 2-8　磁性套索工具属性栏

- 宽度：系统检测的边缘宽度，取值范围为 1～40。值越小，检测范围越小。

- 对比度：设置边缘对比度,取值范围为 $1\%\sim100\%$。值越大,对比度越大,边界定位越准确。
- 频率：设置边界锚点数,取值范围为 $1\sim100$。值越大,产生的锚点越多。
- 钢笔压力：设置绘图板的笔刷压力。
- 调整边缘：可改善选取范围边缘的质量。

操作技巧

利用磁性套索工具选取图像的过程中,当局部对比度较低而难以精确绘制选区时,可以单击来添加锚点,锚点越多,选取越精确,按 Delete 键可将当前锚点删除。

2.2.4　案例操作

【案例 2-3】　本案例主要结合文件操作命令、多边形套索工具来选取五角形。

step 01　执行【文件】→【打开】命令,打开"素材\chapter02\素材 3.jpg"文件。

step 02　选择工具箱中的多边形套索工具,属性栏中的各项参数用默认值,将光标移到五角形边缘,按下左键并拖动鼠标,选取五角形,如图 2-9 所示。

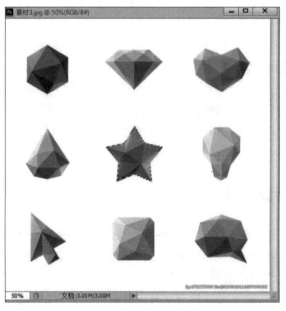

图 2-9　多边形选区

【案例 2-4】　本案例主要结合文件操作命令、套索工具选取任意图形。

step 01　执行【文件】→【打开】命令,打开"素材\chapter02\素材 4.jpg"文件。

step 02　选择工具箱中的套索工具,其属性栏中的各项参数用默认值,将光标移到窗口中,按下左键并拖动鼠标,选取任意图形,如图 2-10 所示。

图 2-10　任意选区

【案例 2-5】　本案例主要结合文件操作命令、磁性套索工具选取小女孩。

step 01　执行【文件】→【打开】命令，打开"素材\chapter02\素材 5.jpg"文件。

step 02　选择工具箱中的磁性套索工具，其属性栏中的各项参数用默认值，将光标移到小女孩头部边缘，按下左键并拖动鼠标，如图 2-11 所示。

图 2-11　使用磁性套索工具制作选区

step 03　沿着边缘进行小女孩的选取过程中，随着鼠标光标的移动，产生的套索会自动附着到图像的周围,并且隔一段距离会有一个方形的锚点产生。当经过图像边缘拐角处时,如果选取边缘不精确,可以在需要加节点的地方单击鼠标加锚点。当鼠标光标移到开始点附近时,鼠标光标旁边将出现一个小圆圈,这时单击即可完成图像的选取,如图 2-12 所示。

图 2-12   完成图像的选取

step 04 按 Ctrl+C 组合键执行【复制】命令。新建一个大小为 1024 像素×768 像素、颜色模式为 RGB、背景内容为白色、分辨率为 72 像素/英寸的文件。并按 Ctrl+V 组合键执行【粘贴】命令,如图 2-13 所示。

图 2-13   粘贴选取图像的效果

2.3　颜色选区工具

在 Photoshop CS6 中,运用魔棒工具和快速选择工具可以在图像中快速创建颜色选区。

2.3.1　魔棒工具

魔棒工具用于选择图像中颜色相同或者相近的区域。在所需颜色相近的图像上单击,即可选取出相近颜色的范围,而不必跟踪其轮廓。魔棒工具属性栏如图 2-14 所示。

图 2-14　魔棒工具属性栏

- 容差:设置颜色的选取范围,其值可为0～255。值越小,选取的颜色越相近。
- 消除锯齿:用来模糊羽化边缘的像素,使其与背景之间产生颜色的过渡,从而消除边缘明显的锯齿。
- 连续:选择位置相邻并且颜色相近的区域。如果取消了该复选框,表示选择所有颜色相近但位置不一定相邻的区域。
- 对所有图层取样:用于多个图层的文件,选中该复选框,能选取文件中所有图层中颜色相近的区域,不选中时,只选取当前图层中颜色相近的区域。

操作技巧

在使用魔棒工具选取图像过程中,按住 Shift 键可以连续增加选取的多个颜色区域,相当于选区的加运算;按住 Alt 键可以连续减少选取的多个颜色区域,相当于选区的减运算。

2.3.2　快速选择工具

在拖曳鼠标的过程中,应用快速选择工具可以快速选择多个颜色相似的区域,相当于按住 Shift 键或 Alt 键并不断使用魔棒工具的效果。

2.3.3　案例操作

【案例 2-6】　本案例主要结合文件操作命令、快速选择工具和【变换】命令来合成图像。

step 01　执行【文件】→【打开】命令,打开"素材\chapter02\素材 6.jpg"文件。

step 02 选择工具箱中的魔棒工具，其属性栏参数设置如图 2-15 所示，选区方式为"添加到选区"，【容差】选项值为 10。

图 2-15　魔棒工具属性栏的设置

step 03 使用魔棒工具选择图像的背景，单击图像背景中的不同点，可得到如图 2-16 所示的背景区域。

图 2-16　使用魔棒工具选取背景

step 04 按 Ctrl+Shift+I 组合键执行【反选】命令，反向选择选区，并按 Ctrl+C 组合键执行【复制】命令，如图 2-17 所示。

图 2-17　反向选择选区

step 05 打开"素材\chapter02\素材 7.jpg"文件，按 Ctrl+C 组合键执行【复制】命令，如图 2-18 所示。

44

图 2-18　复制图像

step 06 按 Ctrl＋T 组合键执行【变换】命令，再按 Shift＋Alt 组合键调整图像大小，并调整到合适的位置，如图 2-19 所示。

图 2-19　变换图像并调整位置后的效果

step 07 执行【文件】→【存储为】命令，将文件保存为"2-6_end.psd"。

2.4 运用命令创建随意选区

在 Photoshop CS6 中,运用【全部】命令、【扩大选取】命令、【选取相似】命令和【色彩范围】命令可以创建任意的选区。

1.【全部】命令

用户在编辑图像时,若需要对整幅图像进行调整,则可以通过【全部】命令对整幅图像进行选取。可执行【选择】→【全部】命令或者按 Ctrl+A 组合键。

2.【扩大选取】命令

用户执行【扩大选取】命令时,Photoshop 会基于魔棒工具属性栏的【容差】选项值来扩展选区的范围。可以先确定小块的选区,然后再执行【选择】→【扩大选取】命令来选取相邻的像素。

3.【选取相似】命令

【选取相似】命令是针对图像中所有颜色相近的像素而创建的选区,此命令在选取有大面积实色图像的情况下非常有用,此命令配合魔棒工具使用效果会更好。

4.【色彩范围】命令

在 Photoshop CS6 中,【色彩范围】命令是一个利用图像中的颜色变化关系来绘制选择区域的命令,是根据要选取色彩的相似程度来提取相似的色彩区域,从而生成选区。

执行【选择】→【色彩范围】命令,弹出的对话框如图 2-20 所示。

图 2-20 【色彩范围】对话框

- 选择：设置选区的创建方式，选择"取样颜色"选项时，可将光标放在文档窗口中的图像上或在【色彩范围】对话框中预览图像上单击，对颜色取样。
- 本地化颜色簇：选择该选项，拖动"范围"滑块可以控制包含在蒙版中颜色与取样的最大距离和最小距离。
- 颜色容差：用来控制颜色的选择范围。
- 选区预览：设置文档的预览方式。
- 反相：选择该选项，可以反转选区。

2.5　编　辑　选　区

在 Photoshop CS6 中，选区的操作性特别灵活，可以对选区进行多次编辑操作，以达到满意的程度。

2.5.1　移动选区

用户在编辑图像时，可以根据需要适当地对选区的位置进行调整，使图像符合设计的要求。建立好选区后，将鼠标指针移到选区内，按住鼠标左键拖曳，即可移动选区。

2.5.2　修改选区

在 Photoshop CS6 中，除了可以移动选区外，还可以对选区进行边界、平滑、扩展、收缩和羽化等修改操作。执行【选择】→【修改】命令，弹出如图 2-21 所示子菜单。

图 2-21　【修改】命令的子菜单

- 【边界】命令：也叫扩边，是指用户可以在原有的选区上再套用一个选区，填充颜色时只填充两个选区中间的部分。
- 【平滑】命令：是指调节选区的平滑度，清除选区中杂散像素以及平滑尖角和锯齿。
- 【扩展】命令：是指按指定数量的像素扩大选择区域。通过该命令能精确扩展选区范围，但选区形状并不会改变。
- 【收缩】命令：与【扩展】命令相反，是指按指定数量的像素缩小选择区域。通过该命令可以去除一些图像边缘杂色，让选区变得更精确，选区形状不会改变。
- 【羽化】命令：是指对选区周围边界进行模糊处理，使边缘变得柔和，并使选区内的图像与选区外的图像自然过渡。

2.5.3　描边选区

在 Photoshop CS6 中,使用【描边】命令可以为选区中的图像添加不同颜色和宽度的边框,以增强图像的视觉效果。执行【编辑】→【描边】命令,弹出如图 2-22 所示对话框。

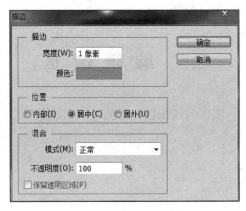

图 2-22　【描边】对话框

- 宽度:设置描边线条的宽度,数值越大,线条越宽。
- 颜色:可在打开的【拾色器】对话框中选择一种合适的颜色。
- 位置:设置描边线条相对于选区的位置。
- 保留透明区域:如果描边的选区范围内存在透明区域,选中该选项,将不对透明区域进行描边。

2.5.4　填充选区

在 Photoshop CS6 中,可以使用【填充】命令对指定的选区填充相应的颜色。执行【编辑】→【填充】命令,弹出如图 2-23 所示对话框。

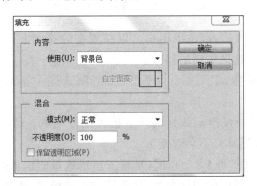

图 2-23　【填充】对话框

- 使用：在该列表中,用户根据需要可以选择要填充的类型。
- 自定图案：设置填充的图案类型。
- 模式：此列表框中,包含溶解、减去、叠加、柔光等多种填充模式。
- 不透明度：设置填充的不透明度。
- 保留透明区域：设置填充时保留的透明区域。

2.5.5　变换选区

用户在编辑选区时,可以根据需要对选区进行缩放和旋转等变换操作,变换时不改变选区内的图像。执行【选择】→【变换选区】命令后,选区四周会出现控制框,通过移动控制框上的控制点即可完成选区的变换。

2.5.6　案例操作

【**案例 2-7**】　本案例主要结合文件操作命令、魔棒工具、【边界】命令和【填充】命令来完成图像描边操作。

step 01　执行【文件】→【打开】命令,打开"素材\chapter02\素材 8.jpg"文件。

step 02　选择工具箱中的魔棒工具,其属性栏中参数用默认值,先选择图像的背景,然后执行【选择】→【反选】命令选中图片,如图 2-24 所示。

图 2-24　选取图片

step 03　执行【选择】→【修改】→【边界】命令,边界宽度为 6 像素,效果如图 2-25 所示。

step 04　执行【编辑】→【填充】命令,进行图案填充,并按 Ctrl+D 组合键取消选区,如图 2-26 和图 2-27 所示。

step 05　执行【文件】→【存储为】命令,将文件保存为"2-7_end.psd"。

图 2-25　应用【边界】命令

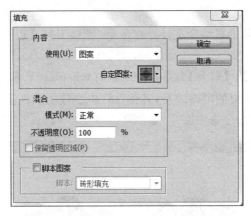

图 2-26　【填充】对话框中参数的设置

图 2-27　取消选区

【案例 2-8】　本案例主要结合文件操作命令、选区工具、【贴入】命令和【描边】命令拼合图像。

step 01　执行【文件】→【打开】命令,打开"素材\chapter02\素材 9.jpg"文件。

step 02　选择工具箱中的魔棒工具,其属性栏中参数用默认值,先选择图像的背景,然后按 Ctrl+Shift+I 组合键执行【反选】命令,选中图片,并按下 Ctrl+C 组合键执行【复制】命令,如图 2-28 所示。

step 03　执行【文件】→【打开】命令,打开"素材\chapter02\素材 10.jpg"文件。

step 04　新建图层 1,选择工具箱中的椭圆选

图 2-28　选取不规则选区

框工具,其属性栏中【羽化】选项值设为 10,其他参数用默认值,在图层 1 上按下鼠标左键并拖动鼠标绘制一个椭圆形,如图 2-29 所示。

图 2-29　建立椭圆选区

step 05　执行【编辑】→【选择性粘贴】→【贴入】命令,把素材 9 图像贴入椭圆选区,按下 Ctrl+T 组合键执行【图像变换】命令,调整图像大小并放到合适的位置,如图 2-30 所示。

step 06　执行【编辑】→【描边】命令,描边宽度为 20 像素,颜色为白色,其他值默认,如图 2-31 所示。

step 07　执行【文件】→【存储为】命令,将文件保存为"2-8_end.psd"。

图 2-30　贴入图像

图 2-31　最终图像描边的效果

2.6　图　像　变　换

　　在对图像进行操作时,图像的初始大小和形状未必满足要求,可根据具体需求在操作过程中调整图像的大小和形状。

　　执行【编辑】→【变换】命令,弹出如图 2-32 所示菜单。

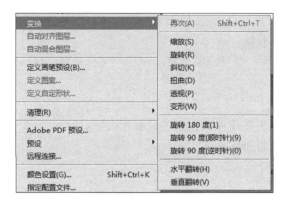

图 2-32　【变换】命令

本 章 小 结

通过本章的学习,应该掌握规则选区、不规则选区和颜色选区的制作方法,掌握选区的修改与编辑、图像变换等方面的知识。

思 考 与 练 习

1. 填空题

(1) 当使用矩形框工具绘制各选区时,按 Shift 键,可以绘制_____形的选择区域。

(2) 使用椭圆选框工具绘制一个选区,填充选区时,若想让填充的颜色在选区周围过渡比较柔和,应先对选区执行_____操作。

(3) 在使用磁性套索工具绘制过程中,按_____键可以切换至套索工具及多边形套索工具。

(4) 制作规则选区的工具有_____、_____、_____、_____。

(5) 系统提供的 3 种套索工具为_____、_____、_____。

(6) 容差值用于控制 Photoshop 选择的颜色范围。如果希望选择的颜色范围大一些,可以设置_____的容差值;反之应设置_____的容差值以控制所选择的颜色范围。

2. 单项选择题

(1) (　　)组合键是变换图像的。

　　A. Ctrl＋S　　　　　B. Ctrl＋C　　　　　C. Ctrl＋V　　　　　D. Ctrl＋T

(2) (　　)不属于选区的调整命令。

　　A. 变换选区　　　　B. 反向选区　　　　C.　描边选区　　　　D.　羽化选区

(3) 选择颜色相近和相同的连续区域所用工具是(　　)。

A. 魔棒 　　　B. 磁性套索 　　　C. 　多边形套索 　D. 曲线套索

(4) 选区的运算不包括(　　)。

A. 加选区 　　　B. 减选区 　　　C. 　交选区 　　　D. 羽化选区

3. 问答题

(1) 制作选区的方法有几种? 它们各自有什么特点?

(2) 如何进行选区的加减运算?

实 训 案 例

【案例 2-9】 制作立体相框。

【实训目的】

(1) 掌握选区工具的使用方法。

(2) 掌握编辑选区的命令。

(3) 掌握图像的变换。

【实训内容】

本案例主要结合文件操作命令、选区工具、【修改】命令、【描边】命令、【变换】命令来完成制作。

step 01 执行【文件】→【打开】命令,打开"素材\chapter02\素材 11.jpg"文件。

step 02 选择工具箱中的磁性套索工具,其属性栏中参数用默认值。选中图片中的小孩并按 Ctrl＋C 组合键执行【复制】命令,如图 2-33 所示。

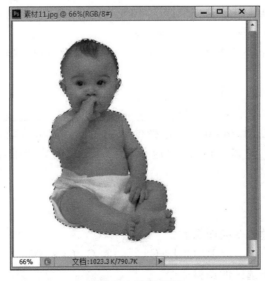

图 2-33　选取选区

step 03 执行【文件】→【打开】命令，打开"素材\chapter02\素材 12.jpg"文件。

step 04 按 Ctrl＋V 组合键执行【粘贴】命令，把小孩复制到当前窗口中，按 Ctrl＋T 组合键执行【变换】命令，把小孩调整适当大小，并放到合适的位置，如图 2-34 所示。

图 2-34　调整后的效果

step 05 按 Ctrl＋A 组合键执行【全选】命令。执行【选择】→【修改】→【边界】命令，宽度为 20 像素，如图 2-35 所示。

图 2-35　执行【边界】命令

step 06 执行【编辑】→【描边】命令，参数如图 2-36 所示，最终效果如图 2-37 所示。

图 2-36 【描边】对话框

图 2-37 制作立体相框的效果

step 07 执行【文件】→【存储为】命令,将文件保存为"2-9_end.psd"。

【案例 2-10】 制作层叠照片。

【实训目的】

(1)掌握选区工具的使用方法。

(2)掌握选区的变换方法。

(3)掌握图像的变换方法。

【实训内容】

本案例主要结合标尺、参考线、选区工具、选区变换、图像变换来完成制作。

step 01 新建一个大小为 800 像素×600 像素、颜色模式为 RGB、背景内容为白色、分辨率为 72 像素/英寸的文件。并执行【视图】→【标尺】命令,打开标尺。

step 02 选择工具箱中的"设置背景颜色",将背景色设置成淡绿色(R:152;G:247;B:161),并填充背景。

56

step 03 打开"素材\chapter02\素材 13.jpg"文件，按 Ctrl＋A 组合键执行【全选】命令，再按 Ctrl＋C 组合键执行【复制】命令。切换到新建文件，按 Ctrl＋V 组合键执行【粘贴】命令，将小猫复制到新建文件中，按 Ctrl＋T 组合键执行【变换】命令。再右击，在弹出的快捷菜单中选择【缩放】命令，把图像缩放并调整到合适的位置，形成图层 1，如图 2-38 所示。

图 2-38 复制的照片

step 04 按住 Ctrl 键，同时单击【图层】面板上图层 1 的缩览图，激活图层 1 的选区，如图 2-39 所示。

图 2-39 激活的选区

step 05 执行【编辑】→【描边】命令，为选区描白色的边，如图 2-40 和图 2-41 所示。

step 06 从标尺拖出如图 2-42 所示的参考线。

图 2-40 【描边】对话框

图 2-41 描边的照片

图 2-42 参考线

step 07　按 Ctrl ＋T 组合键执行【变换】命令，再右击，在弹出的快捷菜单中选择【变形】命令，对图像变形，如图 2-43 和图 2-44 所示。

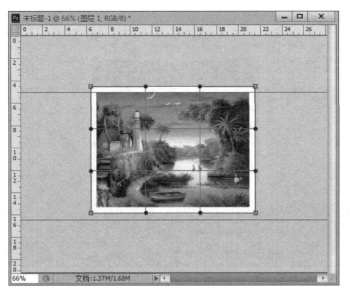

图 2-43　【变形】命令

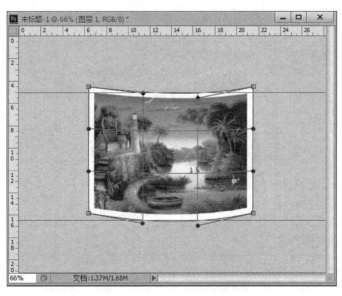

图 2-44　变形后的效果

step 08　执行【视图】→【清除参考线】命令，清除窗口上的所有参考线，如图 2-45 所示。

step 09　选择图层 1，右击，在弹出的快捷菜单中选择【复制图层】命令，复制图层 1 为"图层 1 副本 1"。再选中图层 1，按 Ctrl ＋T 组合键执行【变换】命令，旋转图像，如图 2-46 所示。

图 2-45　变形后的照片

图 2-46　复制后的照片

step 10 复制图层 1，得到"图层 1 副本 2"，按 Ctrl＋T 组合键执行【变换】命令，旋转图像，如图 2-47 所示。

step 11 执行【文件】→【存储为】命令，将文件保存为"2-10_end. psd"。

图 2-47　旋转图像

拓 展 练 习

拓展 1　制作水果娃娃。

【实训知识点要求】　使用选区工具进行抠图，使用【变换】命令中的【旋转】和【缩放】子命令调整图像的形状和位置。素材与最终效果如图 2-48 和图 2-49 所示。

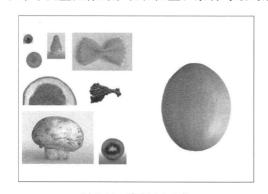

图 2-48　素材 14 文件

图 2-49　水果娃娃的最终效果

拓展 2　制作正方体。

【实训知识点要求】　使用选区工具进行抠图，使用【变换】命令中的【扭曲】命令调整图像的形状和位置。素材与最终效果如图 2-50 和图 2-51 所示。

图 2-50　素材 15.jpg

图 2-51　正方体的最终效果

第3章　绘画与修饰工具

本章导读

　　Photoshop CS6 提供了大量的绘画与修饰工具,如画笔工具、铅笔工具、仿制图章工具、修复画笔工具、模糊工具和渐变工具等,利用这些工具可以绘制图形、修复或修饰图像,制作出一些艺术效果,修复图像中存在的缺陷。在本章中,我们将学习这些绘画与修饰工具的使用方法,以及相关操作技巧。

知识目标

> 画笔工具组的使用方法。
> 图章工具组的使用方法。
> 历史记录工具组、橡皮擦工具组的使用方法。
> 修复画工具组的操作技巧。
> 图像修饰工具组的操作技巧。
> 填充工具组的使用方法。

能力目标

> 熟练运用画笔工具组绘制图像。
> 熟练运用图章工具组复制图像。
> 熟练运用橡皮擦工具组擦除图像。
> 熟练运用修复画笔工具组修复图像。
> 熟练运用图像修饰工具组修饰图像。
> 熟练运用填充工具组填充图像。

3.1 用画笔工具组绘制图像

在 Photoshop CS6 中,画笔工具组提供了 4 个画笔工具,分别是画笔工具、铅笔工具、颜色替换工具和混合器画笔工具,如图 3-1 所示。

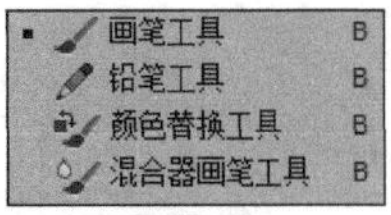

图 3-1　画笔工具组

3.1.1 画笔工具

在 Photoshop CS6 中,画笔工具 常用于绘制图形,绘画时使用的颜色为前景色,它可以绘制彩色条线。选择画笔工具后,将会显示出该工具的属性栏,如图 3-2 所示,其各选项的功能介绍如下。

图 3-2　画笔工具属性栏

- 【当前工具】按钮 ：该按钮显示的是当前所选择的工具,单击该按钮可以弹出工具箱的快捷菜单,可以调整工具的相关参数设置。
- 【画笔预设】按钮 ：单击该按钮,打开【画笔预设】选取器,如图 3-3 所示,拖动滑块或直接输入数值,可以设置画笔笔尖的"大小""硬度"和"形状"。
- 【切换画笔面板】按钮 ：单击该按钮,打开【画笔】面板,如图 3-4 所示。

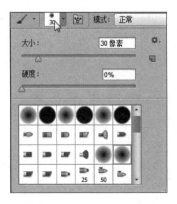

图 3-3　【画笔预设】选取器

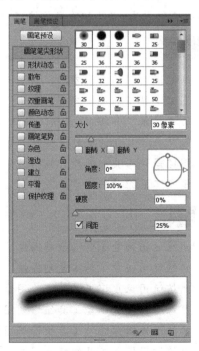

图 3-4　【画笔】面板

- 【模式】下拉列表：在该下拉列表中可以选择所需的混合模式,也就是选择当前绘画颜色与图像底色进行混合的方式。
- 【不透明度】文本框：单击其后的按钮 ▾ ,再拖动滑块或直接输入数值,可以调整画笔颜色的不透明度,数值越大,不透明度越低。
- 【流量】文本框：单击其后的按钮 ▾ ,再拖动滑块或直接输入数值,可以调整画笔颜色的强度,数值越大,所绘线条越粗。
- 【喷枪】按钮 ：选中该按钮,可使画笔具有喷涂功能。

操作技巧

　　【画笔预设】选取器中设置画笔笔尖的大小、硬度和形状时,当硬度值为 100% 时,称为硬边笔刷;当硬度值小于 100% 时,称为柔边笔刷。

　　画笔的“不透明度”用数值表示,数值为 0,画笔呈现透明色,看不出颜色效果。

举一反三

　　画笔工具的使用方法很有代表性,后续所讲的其他绘画与修饰工具的用法都和它相似。

3.1.2　铅笔工具

　　在 Photoshop CS6 中,使用铅笔工具 模拟铅笔的绘画风格,使用前景色绘制一些无边缘发散效果的线条或图案,用法与画笔工具 基本相同,其属性栏如图 3-5 所示。

图 3-5　铅笔工具属性栏

　　勾选【自动抹除】复选框后,用户在与前景色相同的图像区域内绘画时,系统将自动擦除前景色,同时用背景色填充。

操作技巧

　　按住 Shift 键的同时拖曳鼠标左键,可绘制直线。

　　按住 Shift 键的同时在不同位置多次单击,可绘制首尾相连的折线。

　　按住 Ctrl 键,可暂时将当前工具切换为移动工具 。

　　按住 Alt 键,可暂时将当前工具切换为吸管工具 。

3.1.3　颜色替换工具

使用颜色替换工具 ![icon] 可以在保留图像纹理和阴影不变的情况下,快速改变图像任意区域的颜色,在使用颜色替换工具编辑图像时,应先设置合适的前景色,然后在图像指定的区域内进行涂抹,其属性栏如图 3-6 所示。

图 3-6　颜色替换工具属性栏

- 【模式】下拉列表:在该下拉列表中提供了"色相""饱和度""颜色"和"明度"4 种模式供用户选择,默认情况下为"颜色"。
- 【取样】按钮 ![icon]:用于设置如何取样需要替换的颜色。
  - ➢ 连续取样按钮 ![icon]:只替换鼠标经过处区域的颜色。
  - ➢ 一次取样按钮 ![icon]:只替换与第一次单击处相似的颜色区域。
  - ➢ 背景色板取样按钮 ![icon]:只替换与当前背景色相似的颜色区域。
- 【限制】列表框:用于设置如何替换与取样相似的颜色。
  - ➢ 连续:只替换鼠标经过处区域的颜色。
  - ➢ 不连续:替换过与取样颜色相似的任何位置的颜色。
  - ➢ 查找边缘:将替换包含取样颜色的连接区域,同时更好地保留形状边缘的锐化程度。
- 【容差】文本框:单击其后的按钮 ![icon],拖动滑块或直接输入数值,调整可替换颜色的范围,其范围为 1%～100%。数值越大,可替换颜色的范围越大。
- 【喷枪】按钮 ![icon]:选中该按钮,可使画笔具有喷涂功能。
- 【消除锯齿】复选框:用来模糊颜色替换边缘的像素,使其与背景有颜色过渡,从而消除边缘明显的颜色反差。

3.1.4　混合器画笔工具

混合器画笔工具 ![icon] 可以模拟真实的绘画技术,使用前景色并混合图像(画布)上的颜色进行绘画,有水彩画的效果。选择混合器画笔工具后,先设置绘画颜色(前景色)及属性栏中画笔的大小、硬度和混合值等属性,然后在图像中单击鼠标并拖动,进行绘制即可。

3.1.5　案例操作

【案例 3-1】　本案例主要结合文件操作命令和画笔工具来绘制一幅风景画。

step 01 执行【文件】→【打开】命令,打开"素材\chapter03\素材 1.jpg"文件,如图 3-7所示。

step 02 设置前景色为橙色♯fe7803，背景色为白色。

step 03 选择工具箱中的画笔工具 ，单击属性栏中的【画笔预设】按钮 ，打开【画笔预设】选取器，拖动滚动条在【笔刷】面板中选择"散布枫叶"样式，并将笔刷【大小】设置为 74 像素，其他参数为默认值，如图 3-8 所示。

图 3-7　素材 1 文件　　　　　图 3-8　笔刷大小为 74 像素的散布枫叶

step 04 单击属性栏中的【切换画笔面板】按钮 ，打开【画笔】面板，"画笔笔尖形状""形状动态""散布"和"传递"属性设置分别如图 3-9 中(a)～(d)所示。

(a) 画笔笔尖形状　　　(b) 形状动态　　　(c) 散布　　　(d) 传递

图 3-9　【画笔】面板各属性的设置(1)

step 05 在图像上拖动鼠标绘制枫叶图案，效果如图 3-10 所示。

 设置前景色为红色♯ff0000，背景色为黄色♯ffff00。

step 06 重复 step03，打开【画笔预设】选取器，单击右上角的按钮 ⚙，在弹出的快捷菜单中选择【特殊效果画笔】命令，在弹出的对话框中单击【追加】按钮，将"特殊效果画笔"添加到笔刷样式列表的最下面，同时选择"缤纷蝴蝶"样式，如图 3-11 所示。

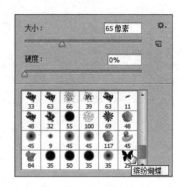

图 3-10　绘制枫叶图案　　　　　　　　　　图 3-11　追加笔刷图案

step 07 单击属性栏中的【切换画笔面板】按钮 🖌，打开【画笔】面板，"画笔笔尖形状""形状动态""散布""颜色动态""传递"属性的设置分别如图 3-12 中(a)～(e)所示。

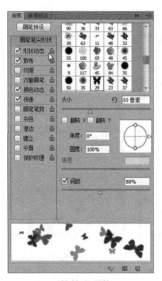

(a) 画笔笔尖形状　　　　　　　(b) 形状动态　　　　　　　(c) 散布

图 3-12　【画笔】面板各属性的设置(2)

step 08 在图像上拖动鼠标绘制蝴蝶图案，效果如图 3-13 所示。

(d) 颜色动态　　　　　　　　　(e) 传递

图　3-12（续）

图 3-13　绘制蝴蝶图案

step 09 执行【文件】→【打开】命令，打开"素材\chapter03\素材 1-2.jpg"文件。

step 10 选择工具箱中的快速选择工具，选取一朵向日葵花朵，如图 3-14 所示。

step 11 选择工具箱中的画笔工具，执行【编辑】→【定义画笔预设】命令，打开【画笔名称】对话框，在文本框中输入自定义画笔名称"向日葵"并确定。单击属性栏中的【画笔预设】按钮，打开【画笔预设】选取器，在【笔刷】面板中看到刚自定义的"向日葵"样式，如图 3-15 所示。

图 3-14　向日葵选区

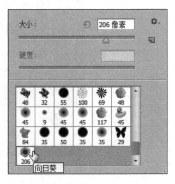

图 3-15　自定义画笔笔刷

step 12 修改笔刷【大小】为 50 像素，分别用红色、黄色作为前景色，在"素材 1-2.jpg"上单击绘制图案，效果如图 3-16 所示。

图 3-16　用"向日葵"笔刷绘图

step 13 执行【文件】→【存储为】命令，将文件保存为"3-1_end.psd"。

操作技巧

> 在【笔刷】面板的控制菜单中,可以进行更改笔刷的显示方式、加裁系统内置
> 笔刷、复位和存储笔刷等操作。
>
> 【画笔】面板很常用,它可以设置笔刷的旋转角度、间距、发散、颜色动态等属
> 性,从而制作出如渐隐、色彩变化等很多漂亮的图像效果。

【案例 3-2】 本案例主要结合快速选择工具和颜色替换工具来改变花的颜色。

step 01 执行【文件】→【打开】命令,打开"素材\chapter03\素材 2.jpg"文件。

step 02 选择工具箱中的快速选择工具,在属性栏上单击【添加到选区】按钮,画笔
【大小】为 16 像素,其他参数为默认值,选取黄色花朵,如图 3-17 所示。

图 3-17 选取黄色花朵

step 03 设置前景色为淡绿色♯75f84d,选择工具箱中的颜色替换工具,在属性栏
上单击【连续取样】按钮,其他参数为默认值,在选区内拖动鼠标进行涂抹,如
图 3-18 所示。

step 04 重复 step02 和 step03,将红色花朵变成蓝色♯84dea,效果如图 3-19 所示。

step 05 执行【文件】→【存储为】命令,将文件保存为"3-2_end.psd"。

【案例 3-3】 本案例主要使用混合器画笔工具将白云绘制成水彩画效果。

step 01 执行【文件】→【打开】命令,打开"素材\chapter03\素材 3.jpg"文件,如
图 3-20 所示。

step 02 单击工具箱中的【前景色】按钮,打开【拾色器(前景色)】对话框,移动鼠
标光标到图像上,鼠标光标变为吸管工具,单击白云附近的蓝天来拾取颜色,如
图 3-21 所示。

step 03 选择工具箱中的混合器画笔工具,在属性栏中设置"画笔"大小为
152 像素,"硬度"为 0,其他参数为默认值,在白云图像上拖动鼠标依次进行涂抹,如
图 3-22 所示。

图 3-18　变为淡绿色花朵　　　　　　图 3-19　改变花的颜色的最终效果

图 3-20　素材 3.jpg

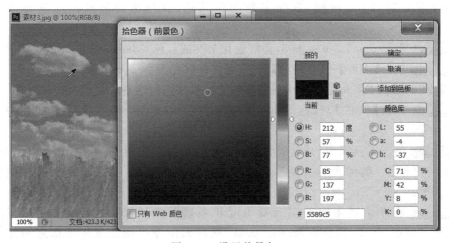

图 3-21　设置前景色

图 3-22　最终的水彩画效果

step 04　执行【文件】→【存储为】命令，将文件保存为"3-3_end. psd"。

3.2　用图章工具组复制图像

在 Photoshop CS6 中，图章工具组包括仿制图章工具和图案图章工具，其基本功能都是复制图像，如图 3-23 所示。

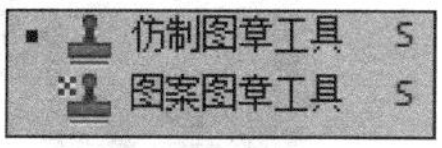

图 3-23　图章工具组

3.2.1　仿制图章工具

使用仿制图章工具可以将笔刷取样的图像区域复制到同一幅图像的不同位置或另一幅图像中，该工具通常用来去除照片中的污渍、杂点或复制图像等，该工具的属性栏如图 3-24 所示。

图 3-24　仿制图章工具属性栏

3.2.2　图案图章工具

使用图案图章工具可以用系统预设或自定义的图案绘画。将笔刷取样的图像区域复制到同一幅图像的不同位置或另一幅图像中，该工具通常用来去除照片中的污渍、杂点或复制图像等，该工具的属性栏如图 3-25 所示。

图 3-25　图案图章工具属性栏

3.2.3　案例操作

【**案例 3-4**】　本案例主要使用仿制图章工具复制和去除图案。

step 01　执行【文件】→【打开】命令，打开"素材\chapter03\素材 5.jpg"文件。

step 02　选择工具箱中的仿制图章工具，属性栏中笔刷设置为 20 像素的柔边笔刷，其他参数为默认值，按 Alt 键的同时，将光标移到要复制的苹果处，当光标变为 ⊕ 形状后，单击定义取样点，如图 3-26(a)所示。释放 Alt 键后，在要复制的地方拖动鼠标复制取样点的图像，效果如图 3-26(b)所示。

(a)定义取样点　　　　　　　　　(b)复制取样点的图像

图 3-26　复制取样点的苹果

step 03　按 Alt 键的同时，将光标移到黑色背景处，当光标变为 ⊕ 形状后，单击定义取样点，如图 3-27(a)所示。释放 Alt 键后，在要去除的苹果处拖动鼠标复制取样点的图像，效果如图 3-27(b)所示。

step 04　执行【文件】→【保存】命令，将文件保存为"3-4_end.psd"。

【**案例 3-5**】　本案例主要使用图案图章工具改变衣服的图案。

step 01　执行【文件】→【打开】命令，打开"素材\chapter03"目录下的"素材 6.jpg"和"素材 7.jpg"文件。

step 02　将"素材 7.jpg"图像窗口置为当前操作窗口，执行【编辑】→【定义图案】命令，在弹出的【图案名称】对话框中输入"迷彩"作为图案的名称，单击【确认】按钮关闭对话框。

step 03　将"素材 6.jpg"图像窗口置为当前操作窗口，选择工具箱中的魔棒工具，选取女孩的衣服，如图 3-28 所示。

(a) 定义取样点

(b) 复制取样点的图像

图 3-27 复制取样点的图像

图 3-28 选取女孩的衣服

step 04 选择工具箱中的图案图章工具,单击属性栏上的【图案】拾色器,打开【图案】面板,选取 step02 定义的"迷彩"图案,如图 3-29 所示。

step 05 在女孩红色衣服选区内拖动鼠标,将"迷彩"图案复制到选区内,如图 3-30 所示。

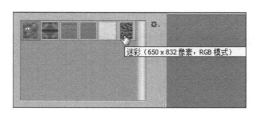
图 3-29 选取"迷彩"图案

图 3-30 更换衣服的图案

step 06 执行【文件】→【存储为】命令,将文件保存为"3-5_end.psd"。

3.3　用历史记录工具组恢复图像

在 Photoshop CS6 中,历史记录工具组包括历史记录画笔工具和历史记录艺术画笔工具,如图 3-31 所示。它们都属于恢复图像工具,通常配合【历史记录】面板使用,可以把图像编辑过程中的某个状态显示到当前的图层中。

3.3.1　历史记录画笔工具

使用历史记录画笔工具和【历史记录】面板,可以将图像还原到之前的某个编辑状态。【历史记录】面板如图 3-32 所示。

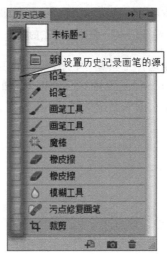

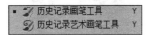

图 3-31　历史记录工具组　　　　图 3-32　【历史记录】面板

- 【设置历史记录画笔的源】按钮 ：表示下面用历史记录画笔工具涂抹时的图像将被恢复到原始状态。通过单击某一快照或步骤左边的按钮 ,将"设置历史记录画笔的源"标志 指定到某一快照或步骤中。
- 【从当前状态创建新文档】按钮 ：单击该按钮,将利用当前软件的状态来创建新文档。
- 【创建新快照】按钮 ：为当前状态创建快照。
- 【删除当前状态】按钮 ：删除当前的状态。

操作技巧

　　在【历史记录】面板中,"设置历史记录画笔的源"标志 在某个步骤的左边,就表示涂抹的图像区域最多恢复到该步骤。

【历史记录】面板默认的记录状态为 20，超出后可以通过单击快照，快速恢复到创建快照时的状态。

执行【编辑】→【首选项】→【性能】命令，打开【首选项】对话框，可修改历史记录状态。

也可以使用组合键撤销操作，按 Ctrl＋Z 组合键可撤销前一步操作，按 Ctrl＋Alt＋Z 组合键可撤销多步操作。

3.3.2　历史记录艺术画笔工具

历史记录艺术画笔工具与历史记录画笔工具的使用方法相似，用它在图像中涂抹，可以将图像还原到之前的某个编辑状态并且做艺术化处理。

3.3.3　案例操作

【案例 3-6】　本案例主要使用历史记录画笔工具去除女孩脸上雀斑。

step 01 执行【文件】→【打开】命令，打开"素材\chapter03\素材 8.jpg"文件，如图 3-33 所示。

step 02 执行【滤镜】→【模糊】→【高斯模糊】命令，在打开的【高斯模糊】对话框中将【半径】设置为 6.5 像素，确定后关闭对话框，图像效果如图 3-34 所示，女孩脸上雀斑被模糊掉了，但眼睛、鼻子、嘴、头发等部位也模糊了。

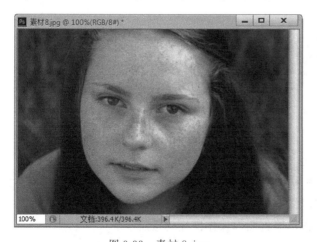

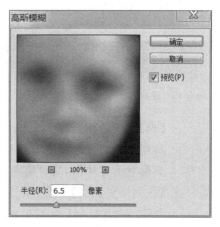

图 3-33　素材 8.jpg　　　　　　　　图 3-34　【高斯模糊】对话框

step 03 选择工具箱中的历史记录画笔工具，属性栏中笔刷设置为 15 像素的柔边笔刷，其他参数为默认值，拖动鼠标光标，避开脸涂抹女孩的眼睛、眉毛、发际线等细节部分，背景、衣服等其他部分可将笔刷调大像素涂抹，效果如图 3-35 所示。

step 04 执行【文件】→【存储为】命令，将文件保存为"3-6_end.psd"。

图 3-35　祛斑后的效果

3.4　用橡皮擦工具组擦除图像

在 Photoshop CS6 中，橡皮擦工具组包括橡皮擦工具、背景橡皮擦工具和魔术橡皮擦工具，如图 3-36 所示，其主要功能都是擦除图像中多余的部分。

3.4.1　橡皮擦工具

选中橡皮擦工具 ，在属性栏中设置完相关属性后，在图像中拖动涂抹，即可擦除图像，其属性栏如图 3-37 所示。

图 3-36　橡皮擦工具组　　　　　　　　　　图 3-37　橡皮擦工具属性栏

- 【模式】下拉列表：可以选择不同的擦除模式。选择"画笔"或"铅笔"时，橡皮擦工具属性的设置与画笔工具和铅笔工具笔刷的设置方式基本相同；选择"块"时，工具形状为方块形，此时笔刷只能为方块形。
- 【抹到历史记录】复选框：选中该复选框，橡皮擦工具 的功能与历史记录画笔工具 的功能相似，用户可以有选择地将图像操作恢复到指定步骤。

提　示

使用橡皮擦工具 擦除图像时，若在背景图层上擦除，在擦除图像的同时用背景色填充被擦除区域，如图 3-38(a)所示，若在普通图层上擦除，被擦除区域变成透明，如图 3-38(b)所示，图中背景色分别设置为黄色和蓝色。

　　　　(a) 在背景图层上　　　　　　　　　　(b) 在普通图层上

图 3-38　擦除的效果

3.4.2　背景橡皮擦工具

　　使用背景橡皮擦工具 可以有选择地将图像中与取样颜色或基准颜色相近的区域擦除成透明效果。该工具比较适合抠取颜色反差较大的图像。选中背景橡皮擦工具 ，其属性栏如图 3-39 所示。

图 3-39　背景橡皮擦工具属性栏

- 【取样】按钮 ：默认为"连续" ，表示擦除时连续取样；"一次" ，表示仅取样鼠标单击处的颜色，并将该颜色设置为基准颜色；"背景色板" ，表示将背景色设置为基准颜色。
- 【限制】下拉列表：可以选择画笔限制的类型，分别为"不连续""连续"与"查找边缘"。
- 【容差】文本框：设置擦除颜色的范围。值越小，被擦除的图案颜色与取样颜色或基准颜色越接近。
- 【保护前景色】复选框：选中该复选框，可以防止与前景色颜色相同的图像区域被擦除。

3.4.3　魔术橡皮擦工具

　　使用魔术橡皮擦工具 可以将图像颜色相近的区域擦除。它与背景橡皮擦工具的功能和用法类似。

3.4.4　案例操作

　　【案例 3-7】　本案例主要使用橡皮擦工具组抠取图像中的人物。

step **01** 执行【文件】→【打开】命令，打开"素材\chapter03\素材 9.jpg"文件，如图 3-40 所示。

图 3-40　素材 9.jpg

step **02** 选择工具箱中的魔术橡皮擦工具，属性栏的设置如图 3-41 所示。

图 3-41　设置属性栏

step **03** 单击图像蓝色背景区域任意位置，效果如图 3-42 所示。

图 3-42　用魔术橡皮擦工具擦除图像的效果

step 04 去除头发附近的残留的蓝色背景。选择工具箱中背景橡皮擦工具,属性栏的设置如图 3-43 所示。前景色设置为头发边缘处的颜色,背景色设置为图像的蓝色背景色。

图 3-43　背景橡皮擦工具属性栏

step 05 拖动鼠标在残留蓝色背景区域涂抹,蓝色背景区域越来越少。为提高抠图效果,多次重复 step04,可更改【容差】,重新设置前景色和背景色,直到人物图像从背景中抠出,如图 3-44 所示。

图 3-44　最终擦除的效果

提　示

在【案例 3-7】的 step04 中,勾选了"保护前景色"复选框,再将前景色设置为头发边缘的颜色,就是保护了头发的颜色,即便鼠标涂抹到头发也不会有影响。

为了精确抠图效果,可以使用缩放工具 将图像放大,再进行涂抹。

step 06 执行【文件】→【存储为】命令,将文件保存为"3-7_end.psd"。

3.5　用修复画笔工具组修复图像

在 Photoshop CS6 中,修复画笔工具组包括污点修复画笔工具、修复画笔工具、修补工具、内容感知移动工具和红眼工具,如图 3-45 所示。利用这些工具可以修复图像中的缺陷,如修复破损的图像、去除图像中人物的皱纹斑点、快速修复照片中的红眼等。

图 3-45　修复画笔工具组

3.5.1　污点修复画笔工具

使用污点修复画笔工具可以快速去除照片中的污点和其他不理想部分。其属性栏如图 3-46 所示。

图 3-46　污点修复画笔工具属性栏

- 【近似匹配】单选按钮:将使用修复区域周围的图像来近似匹配要修复的区域。
- 【创建纹理】单选按钮:将使用选区的所有像素创建一个用于修复该区域的纹理。
- 【内容识别】单选按钮:将使用修复区域周围较近的图像来填充修复区域,同时保留图像如阴影、对象边缘等细节。

3.5.2　修复画笔工具

使用修复画笔工具可以清除图像中的杂质、污点等。其属性栏如图 3-47 所示。

图 3-47　修复画笔工具属性栏

> **提 示**
>
> 　　修复画笔工具与图章工具组的用法相似,都是从图像中取样、复制或直接用图案进行填充。
>
> 　　选中属性栏中【取样】单选按钮,其用法与仿制图章工具类似;选中【图案】单选按钮,其用法与图案图章工具类似。
>
> 　　不同的是,修复画笔工具能将取样点的图像自然融入目标位置,并保持其纹理、亮度和层次,使被修复的区域和周围的区域完美融合。

3.5.3　修补工具

修补工具  也是用来修复图像的,其作用、原理和效果与修复画笔工具相似,但它们的使用方法不同,修补工具是基于选区修复图像的。

其属性栏中的【修补】下拉列表中选择不同选项,则属性栏中显示的选项会有变化。

(1) 选中"内容识别"选项时,属性栏如图 3-48 所示。

图 3-48　选中"内容识别"选项

- 【适应】下拉菜单:用于设置图像修复的精度。
- 【对所有图层取样】复选框:表示可以在当前图层对所有图层的图像信息进行取样。

(2) 选中"正常"选项,属性栏如图 3-49 所示。

图 3-49　选中"正常"选项

- 【源】单选按钮:表示从目标修补源。如果将源图像选区拖至目标区域,源选区内的图像将被目标区域的图像覆盖,并与周围的像素自然融合。
- 【目标】单选按钮:表示从源修补目标。如果将源图像选区拖至目标区域,目标区域内的图像将被源选区的图像覆盖,并与周围的像素自然融合。
- 【透明】单选按钮:选中该选项并修补图像后,背景会透出来,有纹理叠加的感觉;不选中背景会被覆盖,边缘融合。

3.5.4　内容感知移动工具

内容感知移动工具 是 Photoshop CS6 新增的工具,用它将选中的对象移动或扩展到图像的其他区域后,可以从组和混合对象产生新的视觉效果。其属性栏如图 3-50 所示。

图 3-50　内容感知移动工具属性栏

- 【模式】下拉列表:设置图像的移动方式。选中"移动"选项,表示将选中的对象移动到其他区域;选中"扩展"选项,表示将选中的对象复制并移动到其他区域。

- 【适应】下拉菜单：用于设置图像修复的精度。
- 【对所有图层取样】复选框：表示可以在当前图层对所有图层的图像信息进行取样。

3.5.5　红眼工具

选中红眼工具 ，用鼠标光标在眼睛上单击，即可轻松地去除人物照片中的红眼现象。

3.5.6　案例操作

【案例 3-8】　本案例主要使用修复画笔工具和污点修复画笔工具美化人物的图像。

step 01　执行【文件】→【打开】命令，打开"素材\chapter03\素材 10.jpg"文件，如图 3-51 所示。

图 3-51　素材 10.jpg

step 02　选择工具箱中的污点修复画笔工具 ，在属性栏上设置为 20 像素柔边笔刷，其他参数为默认值。移动鼠标到人物脸上斑点明显处，分别单击即可去除斑点，在鼻子上拖动鼠标涂抹，可去除暗斑，如图 3-52 所示。

step 03　再使皮肤细腻，去除额头和眼下脸颊处的毛孔，以及眼角、脖子上的皱纹，效果如图 3-53 所示。

方法一：选择工具箱中的修复画笔工具 ，在属性栏上设置为 25 像素柔边笔刷，【源】设置为"取样"，其他参数为默认值。在图像中皮肤细腻的地方按 Alt 键的同时单击鼠标设置取样点，拖动鼠标涂抹毛孔明显的皮肤和细纹处。

方法二：选择工具箱中的修补工具 ，在属性栏中，【修补】设置为"正常"。选中

图 3-52　用污点修复画笔工具去除斑点

图 3-53　去除毛孔和细纹

【源】单选按钮,其他参数为默认值。在需要修复的皮肤处创建选区,拖动选区至皮肤细腻的区域后释放鼠标,反复几次,直到达到修复效果。

> **提　示**
>
> 在 step03 中,可以使用缩放工具  将图像放大,再进行涂抹。
>
> 使用方法一时,要达到美化效果,需反复设置取样点,尽量找周围肤色相近的取样点,可根据需要更改笔刷像素。

> 使用方法二时,也可以选中【目标】单选按钮,取消选中【透明】复选框,其他参数为默认值,在皮肤细腻的区域创建选区,拖动选区至需要修复的皮肤处释放鼠标。

step 04 执行【文件】→【存储为】命令,将文件保存为"3-8_end.psd"。

【案例 3-9】 本案例主要使用内容感知移动工具美化人物。

step 01 执行【文件】→【打开】命令,打开"素材\chapter03\素材 11.jpg"文件,如图 3-54 所示。

图 3-54 素材 11.jpg

step 02 选择工具箱中的内容感知移动工具 ![tool]，在属性栏上设置【模式】为"扩展"，【适应】为"严格"，围绕天鹅拖动鼠标制作选区,如图 3-55 所示。

图 3-55 天鹅选区

step 03 用鼠标拖动选区复制天鹅到合适位置，效果如图 3-56 所示。

图 3-56　移动并复制天鹅

step 04 重复 step03，继续用鼠标拖动选区复制天鹅到合适位置，效果如图 3-57 所示。

图 3-57　多次复制天鹅的最终效果

step 05 执行【文件】→【存储为】命令，将文件保存为"3-9_end.psd"。

3.6　用图像修饰工具组修饰图像

在 Photoshop CS6 中，图像修饰工具组包括模糊工具、锐化工具、涂抹工具、减淡工具、加深工具和海绵工具，如图 3-58 所示。利用这些工具可以对图像进行曝光度、饱和度、亮度、模糊等多方面的修饰。

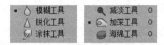

图 3-58　图像修饰工具组

3.6.1　模糊工具、锐化工具和涂抹工具

模糊工具 可以柔化图像，减少图像的细节；锐化工具 可以增强相邻像素之间的对比以提高图像的清晰度；涂抹工具 可以拾取鼠标单击点的颜色，并沿鼠标拖移方向展开这种颜色，模拟出类似用手指拖过湿颜料时的效果。

使用这 3 个修饰工具，在其属性栏上设置合适的笔刷、模式和强度，分别对"素材 12. jpg"进行处理，效果如图 3-59 所示。

图 3-59　对图像进行模糊、锐化、涂抹处理

3.6.2　减淡工具、加深工具和海绵工具

减淡工具 和加深工具 可以改变图像的曝光度，从而使图像变亮或变暗，不影响图像细节及纹理。二者的作用是相反的，但它们的属性栏是相同的，【曝光度】值越大，加深或减淡效果越明显。

海绵工具 可以调整图像的饱和度，有时会使图像的部分细节缺失，在属性栏中设置【流量】选项，数值越大效果越明显。

使用这 3 个修饰工具，在其属性栏上设置合适的参数，分别对"素材 12.jpg"进行处理，制作出如图 3-60 所示的效果。

图 3-60　对图像进行减淡、加深饱和度处理

3.7 用填充工具组填充图像

在 Photoshop CS6 中,填充工具组包括渐变工具和油漆桶工具,如图 3-61 所示。渐变工具可以快速制作渐变颜色的图案;油漆桶工具主要用于填充图像或选区中与单击处颜色相近的区域。

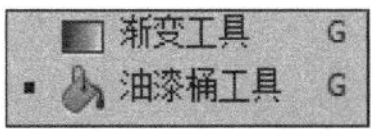

| 🔲 渐变工具 | G |
| 🪣 油漆桶工具 | G |

图 3-61 填充工具组

3.7.1 渐变工具

使用渐变工具🔲可以对当前图层或选区填充系统内置或用户自定义的渐变图案。其属性栏如图 3-62 所示。

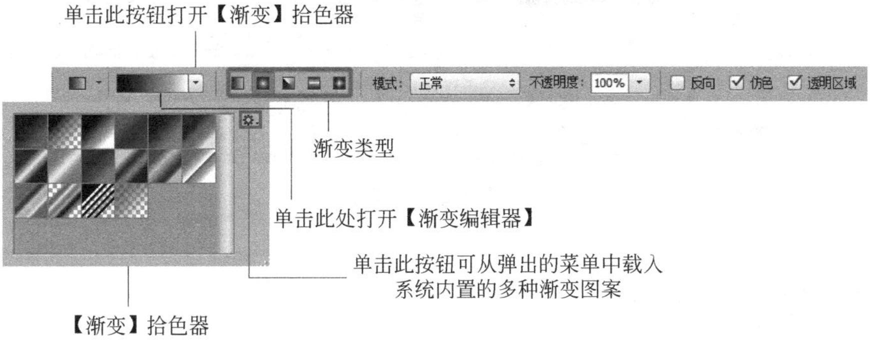

单击此按钮打开【渐变】拾色器

渐变类型

单击此处打开【渐变编辑器】

单击此按钮可从弹出的菜单中载入
系统内置的多种渐变图案

【渐变】拾色器

图 3-62 渐变工具属性栏

> **提 示**
>
> 渐变图案就是具有多种过渡颜色的混合色,这个混合色可以是前景色到背景的过渡,也可以是背景色到前景色的过渡,还可以是任何颜色之间的过渡。

- 渐变类型:包括线性渐变🔲、径向渐变、🔲、角度渐变🔲、对称渐变🔲和菱形渐变🔲 5 种类型,其各自的应用效果如图 3-63 所示。

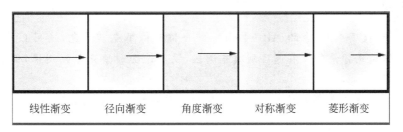

| 线性渐变 | 径向渐变 | 角度渐变 | 对称渐变 | 菱形渐变 |

图 3-63 对图像进行减淡、加深饱和度处理

- 【反向】复选框:可将渐变图案反向。

- 【仿色】复选框：可使渐变色彩的过渡更加柔和、平滑。
- 【透明区域】复选框：用于关闭或打开渐变图案的透明区域。

单击属性栏上的按钮 ▇▇▇▇▇▇，打开【渐变编辑器】对话框，如图 3-64 所示。

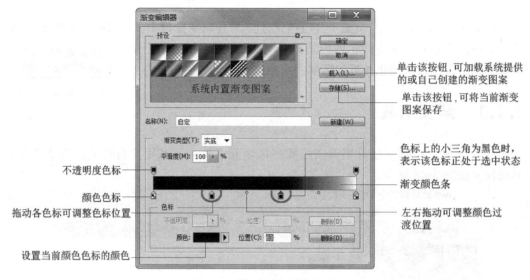

图 3-64 【渐变编辑器】对话框

3.7.2 油漆桶工具

使用油漆桶工具 🖑 对图像区域进行填充时，用户只能使用前景色或图案，不能使用背景色。选择该工具后，在选区内或图像上单击鼠标即可使用设置好的前景色或图案填充与单击处颜色相近的区域。其属性栏如图 3-65 所示。

图 3-65 油漆桶工具属性栏

提示

使用【填充】命令的 Alt＋Delete 组合键可以填充前景色，使用 Ctrl＋Delete 组合键填充背景色。有选区则填充选区，没有选区则填充整幅图像，但都不能填充图案。

油漆桶工具 🖑 只填充图像或选区中与单击处颜色相近的区域。

- 【图案】：填充【图案】拾色器中设置好的图案。
- 【图案】拾色器按钮：单击打开【图案】拾色器，可以对图案进行选择、删除、载入、复位等操作。

· 【容差】文本框：设置容差，值越大，填充范围越大。

· 【所有图层】复选框：选中后将填充所有图层，否则只填充当前图层。

3.7.3　案例操作

【案例 3-10】　本案例主要使用渐变工具制作百叶窗效果。

step 01 执行【文件】→【新建】命令，打开"素材\chapter03\素材 13. jpg"文件，如图 3-66 所示。

图 3-66　素材 13. jpg

step 02 将前景色设置为黑色，选择工具箱中的渐变工具，在属性栏上设置渐变类型为"对称渐变"。单击按钮，打开【渐变编辑器】对话框。在系统内置渐变图案中选择"透明条纹渐变"，如图 3-67 所示。修改不透明度色标的位置和值，设置值分别为 10％、70％，如图 3-68 所示。

step 03 在图像上从左上向右下方向拖动并释放鼠标，效果如图 3-69 所示，制作出百叶窗的投影效果，如图 3-70 所示。

> **提　示**
>
> 　　上面的 step03 中，为了便于编辑，可以在制作渐变之前添加新图层；拖动鼠标的方向不同，百叶窗的效果也不同，读者可自行尝试对比。

step 04 执行【文件】→【存储为】命令，将文件保存为"3-10_end. psd"。

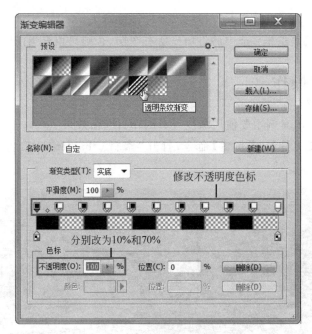

图 3-67　透明条纹渐变

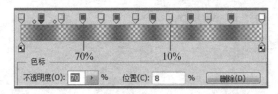

图 3-68　对图像进行减淡、加深饱和度处理

图 3-69　鼠标拖动的方向

图 3-70　百叶窗效果

本 章 小 结

通过本章的学习,应该学会画笔工具组、图章工具组、历史记录工具组、橡皮擦工具组、修复画笔工具组和图像修饰工具组的使用方法,并熟练掌握它们在图像处理过程中的操作技巧。

思 考 与 练 习

1. 填空题

(1) 当使用画笔工具或铅笔工具绘制图形时,按住_____键的同时拖动鼠标可以绘制直线。

(2) 使用橡皮擦工具,在背景图层上擦除图像,被擦除区域将被_____填充;如果在普通图层上擦除图像,被擦除区域将变成_____。

(3) 修复画笔工具组包括_____、_____、_____、_____和红眼工具。

(4) 历史记录画笔工具一般要和_____配合使用。

(5) 系统提供的 3 种套索工具为_____、_____、_____。

(6) 画笔笔刷的_____用于控制笔刷边缘的发散程度,值为 100％时,称为_____;值小于 100％时,称为柔边笔刷。

2. 单项选择题

（1）海绵工具可以调整图像的（　　）。

　　A. 曝光度　　　　B. 清晰度　　　　C. 饱和度　　　　D. 亮度

（2）下列（　　）工具可以填充前景色或图案。

　　A. 油漆桶　　　　　　　　　　B. 渐变

　　C. 画笔　　　　　　　　　　　D. 仿制图章

（3）下列（　　）工具可以改变图像中人脸的肤色。

　　A. 画笔　　　　　　　　　　　B. 修复画笔

　　C. 加深　　　　　　　　　　　D. 减淡

（4）下列（　　）不属于渐变工具。

　　A. 方向渐变　　　B. 径向渐变　　　C. 对称渐变　　　D. 菱形渐变

3. 问答题

（1）颜色替换工具和仿制图章工具有什么区别？

（2）去除图像中人物脸上的斑点可以用到哪些工具？分别怎么操作？

实 训 案 例

【案例 3-11】　人物照片美容。

【实训目的】

（1）掌握修复工具组的使用方法。

（2）掌握仿制图章工具的使用方法。

（3）掌握图像修饰工具组的使用方法。

【实训内容】

本案例主要利用修复工具组和仿制图章工具去除图像中人物面部的皱纹，使用减淡工具对人物牙齿进行美白，用加深工具染发，完成人物的照片美容。

step 01 执行【文件】→【打开】命令，打开"素材\chapter03\素材 14.jpg"文件，如图 3-71 所示。

step 02 去除额头上的皱纹。选择工具箱中的缩放工具，框选人物额头区域。选择修复画笔工具，在属性栏中，设置笔刷【大小】为 100 像素，【硬度】为 0，【范围】为中间调，【曝光度】为 30%，拖动鼠标涂抹头发，释放鼠标观察效果，在耳朵和接近皮肤部位的白头发要将笔刷调小到适合大小

图 3-71　素材 14.jpg

经过多次涂抹,除皱效果如图 3-72 所示。

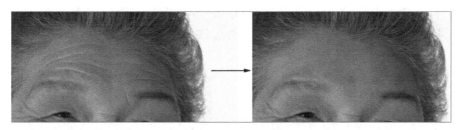

图 3-72　使用修复画笔工具去除额头上的皱纹

step 03 去除两眼角皱纹。选择修补工具，在属性栏中,【修补】选项设置为"正常"。选中【目标】单选按钮,其他参数为默认值。在皮肤细腻的区域创建选区,拖动选区至需要修复的皱纹处释放鼠标。反复几次,直到修复完成,效果如图 3-73 所示。

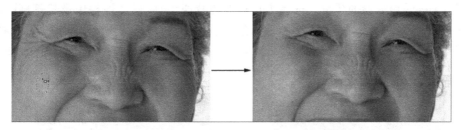

图 3-73　使用修补工具去除两眼角的皱纹

step 04 去除脸颊和下巴上的皱纹。重复 step03,使用修补工具去除脸颊和下巴上的皱纹,如图 3-74 所示。

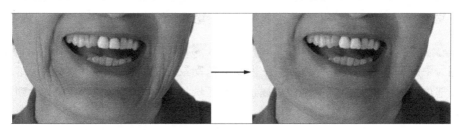

图 3-74　使用修补工具去除脸颊和下巴上的皱纹

step 05 去除颈纹。重复 step02,使用修复画笔工具去除脖子上的皱纹,效果如图 3-75 所示。

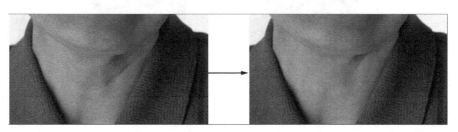

图 3-75　使用修复画笔工具去除脖子上的皱纹

step 06 去除鼻子上的皱纹。选择工具箱上的仿制图章工具,在属性栏中设置笔刷【大小】为 18 像素,【硬度】为 0,【不透明度】为 35%,在皱纹附近完好皮肤上按 Alt 键并单击来定义取样点,拖动鼠标进行涂抹修复。为保证真实度,要多次取样涂抹,直到达到满意效果,如图 3-76 所示。

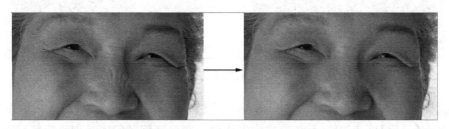

图 3-76 使用仿制图章工具去除鼻子上的皱纹

step 07 美白人物的牙齿。选择工具箱上的减淡工具,在属性栏中设置笔刷【大小】为 50 像素,【硬度】为 0,【范围】为中间调,【曝光度】为 20%。在牙齿上拖动鼠标涂抹,处理下牙时适当减少笔刷的直径,处理牙缝隙处,可将笔刷缩小到与缝隙宽度相当,效果如图 3-77 所示。

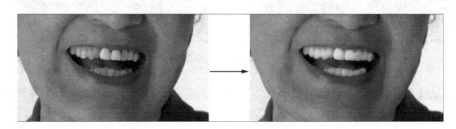

图 3-77 使用减淡工具美白人物的牙齿

step 08 染发。选择工具箱中的加深工具,在属性栏中,设置笔刷【大小】为 90 像素,【范围】为中间调,【曝光度】为 30%。在头发上拖动鼠标进行涂抹并观察效果,在加深接近皮肤部位的白头发时要将笔刷调小以适合小区域加深操作,反复几次,直到达到满意效果,效果如图 3-78 所示。

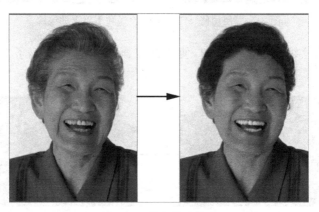

图 3-78 美容前后对比

step 09 执行【文件】→【存储为】命令,将文件保存为"3-11_end. psd"。

注 意

> 上述 step02~step06 中都是去除人物皱纹,这里要适可而止,不能为了追求无皱状态,而使图像效果失真。

【案例 3-12】 制作冲浪效果。

【实训目的】

(1)掌握修补工具的使用方法。

(2)掌握仿制图章工具的使用方法。

(3)掌握橡皮擦工具的使用方法。

(4)掌握渐变工具的使用方法。

【实训内容】

本案例主要使用修补工具去除素材图中的文字,使用仿制图章工具复制人物图像,使用橡皮擦工具擦除与主题无关的图像内容,使用渐变工具制作文字背景图像,最终完成冲浪海报的制作。

step 01 执行【文件】→【打开】命令,打开"素材\chapter03\素材 15.jpg"文件。

step 02 选择工具箱中的修补工具,去除素材 15.jpg 中左下角和右下角的文字。

step 03 执行【文件】→【打开】命令,打开"素材\chapter03\素材 16.jpg"文件,选择工具箱中的仿制图章工具,在属性栏中设置笔刷【大小】为 30 像素,选中【对齐】复选框,其他参数为默认值。将取样点定位在人物身上,返回"素材 15.jpg"界面,在【图层】面板上新建"图层 1",拖动鼠标在图像中涂抹,直到复制出人物图像为止。

step 04 在"素材 15.jpg"图像中,如果 step03 复制了多余的图像,使用橡皮擦工具擦除多余部分,效果如图 3-79 所示。

图 3-79 对图像进行复制、擦除的效果

step **05** 在【图层】面板上,将"图层 1"复制 3 份,选择工具箱中的移动工具,将 4 个人物图像移动到画面的不同位置,并进行旋转和缩放等操作,如图 3-80 所示。

图 3-80　对图像进行减淡、加深饱和度处理的效果

提示

在 step05 中,在【图层】面板上拖动"图层 1"到 □ 上释放鼠标,即复制了图层。根据案例需要,要复制 3 次"图层 1",即 3 次拖动"图层 1"到 □ 上即可。

在【图层】面板上单击某个图层,该图层即成为当前活动图层,可对其进行移动、旋转和缩放等操作。

step **06** 选择工具箱中的裁切工具,将图像上面的部分裁切掉,如图 3-81 所示。

图 3-81　图像裁切后的效果

step **07** 在【图层】面板上单击按钮 □ 新建一个图层,在画面中下部绘制一个矩形选

区,在选区中填充线性渐变,【渐变编辑器】对话框设置如图 3-82 所示,填充效果如图 3-83
所示。

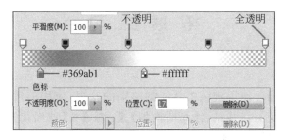

图 3-82　【渐变编辑器】中的设置

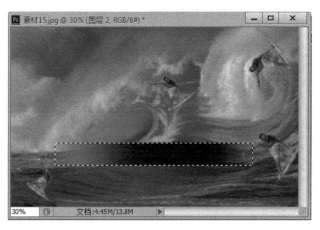

图 3-83　填充渐变色

step 08 执行【文件】→【打开】命令,打开"素材\chapter03\素材 17.jpg"文件。将文
字拖到"素材 15.jpg"图像中,使用移动工具,将文字移动到渐变图像的位置上,如图 3-84
所示。

图 3-84　海报最终效果

step 09 执行【文件】→【存储为】命令，将文件保存为"3-12_end.psd"。

拓 展 练 习

拓展 1 制作苹果。

【实训知识点要求】 使用选区工具绘制苹果的轮廓，应用油漆桶工具、画笔工具、加深工具、减淡工具、渐变工具并结合【高斯模糊】、【云彩】和【球面化】等滤镜命令绘制出形象真实的苹果，参考效果如图 3-85 所示。

拓展 2 制作立体图形。

【实训知识点要求】 使用选区工具并结合渐变工具进行立方体的绘制，参考效果如图 3-86 所示。

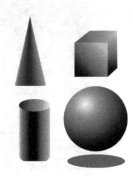

图 3-85 苹果参考效果　　　　图 3-86 立体图形参考效果

拓展 3 制作荷塘月色。

【实训知识点要求】 使用画笔工具组绘制风景图——荷塘月色，参考效果如图 3-87 和图 3-88 所示。

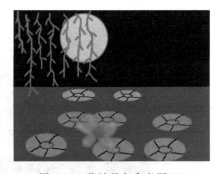

图 3-87 荷塘月色参考图(1)　　　　图 3-88 荷塘月色参考图(2)

拓展 4 竹林。

【实训知识点要求】 使用选区工具、渐变工具绘制竹子，使用涂抹工具绘制竹叶，修复工具组去除图 3-89 所示素材图中的人和水中的石头，并使用选区工具和移动工具将水区域移动到竹林中做背景，结合【切变】、【镜头光晕】等滤镜命令，参考效果如图 3-90

所示。

图 3-89　素材 18.jpg

图 3-90　竹林参考效果

第4章 调整图像的色彩与色调

本章导读

　　Photoshop 提供多种调整图像的色彩与色调的方法,利用这些方法可以很轻松地调整图像的颜色与明暗度。本章主要介绍如何使用 Photoshop CS6 中的【亮度/对比度】、【色阶】、【曲线】等命令调整图像的色调,使用【色相/饱和度】、【去色】等命令调整图像的色彩,使用【反相】、【变化】等命令调整图像的特殊色彩等方面的知识。通过本章内容的学习,大家应熟练掌握色彩与色调命令的使用方法。

知识目标

- ➤ 调整图像色彩的使用方法。
- ➤ 调整图像色调的使用方法。
- ➤ 特殊色彩的控制方法。

能力目标

- ➤ 熟练运用【亮度/对比度】命令调整图像。
- ➤ 熟练运用【色阶】命令调整图像。
- ➤ 熟练运用【曲线】命令调整图像。
- ➤ 熟练运用【色相/饱和度】命令调整图像。
- ➤ 熟练运用【去色】命令调整图像。
- ➤ 熟练运用【反相】命令调整图像。
- ➤ 熟练运用【变化】命令调整图像。

4.1　色调调整

图像的色调调整主要是调整图像的明暗度，例如，图像偏暗时可以将图像调亮一点；图像偏亮时可以将图像调暗一点。在 Photoshop CS6 中，可以使用【亮度/对比度】、【色阶】、【曲线】等命令调整图像的色调。

操作提示

> 执行【图像】→【调整】命令，打开调整图像色彩与色调的命令。
>
> 如果图像中没有选区，则对整幅图像进行调整。反之如果图像中有选区，则对选区内的图像进行调整，调整是对当前图层执行的，对其他图层上的图像没有影响。

4.1.1　【亮度/对比度】命令

在 Photoshop CS6 中，使用【亮度/对比度】命令可以按照一定的比例调整图像的明暗度与颜色的对比度，如图 4-1 所示。

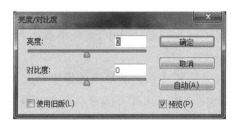

图 4-1　【亮度/对比度】对话框

操作技巧

> 【亮度】滑块向右移动会增加色调值、增强图像的亮度，而将【亮度】滑块向左移动会减少色调值、降低图像的亮度。【对比度】滑块可扩展或收缩图像中色调值的总体范围。
>
> 当选定【使用旧版】复选框时，在调整亮度时只是简单地增大或减小所有像素值。

4.1.2　【色阶】命令

在 Photoshop CS6 中，使用【色阶】命令可以调整图像的阴影、中间调和高光的强度级别,从而校正图像的色调范围和色彩平衡,如图 4-2 所示。

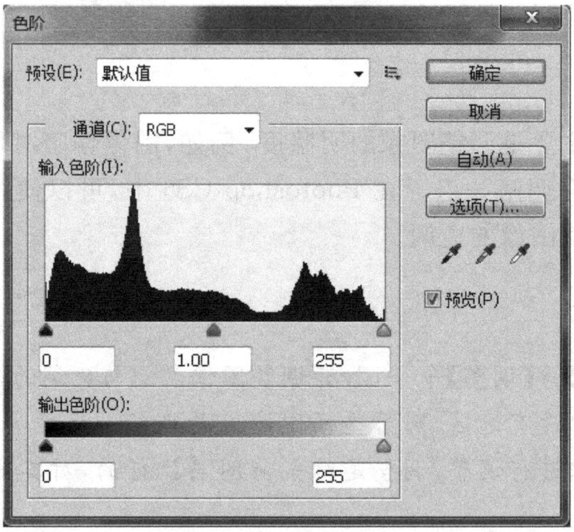

图 4-2　【色阶】对话框

- 预设:使用系统预设的色阶效果。
- 通道:可选择要调整的通道范围。
- 输入色阶:调节图像的明暗对比度。其中,黑色滑块向右滑动,暗部区域更暗;白色滑块向左滑动,亮部区域更亮;中间调滑块可以控制暗部区域和亮部区域的比例平衡,但不会明显改变高光和阴影效果。
- 输出色阶:调节图像的明暗程度。其中,黑色滑块向右滑动,图像整体变亮;白色滑块向左滑动,图像整体变暗。
- 自动:它会自动将每个通道中最亮和最暗的像素定义为白色与黑色,然后再按照比例重新分布中间的像素值。用此方法可以重新分布图像每个通道的色阶,以增强图像的对比度。

4.1.3　【曲线】命令

在 Photoshop CS6 中,使用【曲线】命令调整图像的整个色调范围内的点。最初,图像的色调在图形上表现为一条直的对角线。在调整 RGB 图像时,图形右上角区域代表高光部分,左下角区域代表阴影部分。在向线条添加控制点并移动它们时,曲线的形状会发生更改,反映出对图像调整,如图 4-3 所示。

- ：使用控制点调整曲线。
- ：使用铅笔绘制曲线。
- 输出:调整后的新色调。
- 输入:图像原色调值。
- 曲线显示选项:该选项区包括以下选项。
  ➢ 光(0~255):RGB 图像的强度值(范围是 0~255),黑色(0)位于左下角。

104

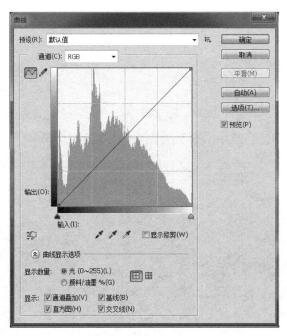

图 4-3　【曲线】对话框

> 颜料/油墨（%）：表示 CMYK 图像的百分比（范围是 0～100），高光（0）位于左下角。
> 简单网格：以 25% 的增量显示网格线。
> 详细网格：以 10% 的增量显示网格线。
> 通道叠加：可显示叠加在复合曲线上方的颜色通道曲线。
> 直方图：表示图形后面的原始图像色调值的直方图。
> 基线：以 45°角的线条作为参考，可显示原始图像的颜色和色调。
> 交叉线：水平线和垂直线，有助于在相对于直方图或网格进行拖动时对齐控制点。

操作技巧

　　将光标移至曲线上即可在曲线上增加控制点，最多可以在曲线上添加 14 个点。要删除控制点时，选中控制点并拖动至坐标区域外或者按住 Ctrl 键单击，即可删除相应的点。

　　"曲线预设"列表中添加了很多预设好的效果，可以直接在图像中使用。通过预设选项列表，可以创建自己的预设曲线效果。

4.1.4　案例操作

【案例 4-1】　本案例主要结合文件操作命令和【亮度/对比度】命令调整图像的光影。

step 01 执行【文件】→【打开】命令，打开"素材\chapter04\素材 1.jpg"文件，如图 4-4 所示。

图 4-4　素材 1.jpg

step 02 执行【图像】→【调整】→【亮度/对比度】命令，打开【亮度/对比度】对话框，设置【亮度】和【对比度】均为 20，如图 4-5 所示。

图 4-5　【亮度/对比度】对话框

step 03 执行【文件】→【存储为】命令，将文件保存为"4-1_end. psd"。

【案例 4-2】　本案例主要结合选区命令、【曲线】命令等修正逆光照片。

step 01 执行【文件】→【打开】命令，打开"素材＼chapter04＼素材 2. jpg"文件，按 Ctrl＋J 组合键执行【复制】命令，生成图层 1，如图 4-6 所示。

图 4-6　复制图层的效果

step 02 打开【通道】面板，按住 Ctrl 键的同时单击 RGB 通道建立选区，如图 4-7 所示。

图 4-7　建立选区的效果

step 03 返回【图层】面板，按 Shift＋Ctrl＋I 组合键创建反向选区，如图 4-8 所示。

step 04 执行【图像】→【调整】→【曲线】命令，打开【曲线】对话框，调整曲线的形状，如图 4-9 所示。

107

图 4-8　建立反选效果

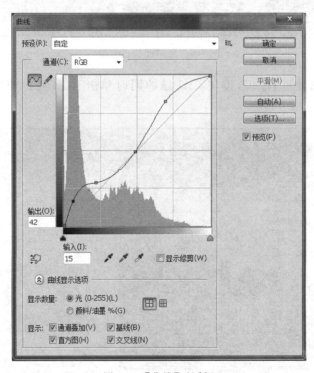

图 4-9　【曲线】对话框

step 05 按 Ctrl＋D 组合键取消选区。执行【文件】→【存储为】命令,将文件保存为
"4-2_end.psd",如图 4-10 所示。

【案例 4-3】　本案例主要使用【色阶】命令调整图像的色调。

step 01 执行【文件】→【打开】命令,打开"素材\chapter04\素材 3.jpg"文件。

图 4-10　4-2_end.psd

step 02 执行【图像】→【调整】→【色阶】命令，打开【色阶】对话框，在【选项】按钮下选择白色吸管工具，在图像的白色区域单击，调整图像，如图 4-11 所示。

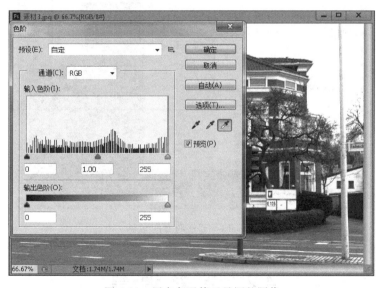

图 4-11　用白色吸管工具调整图像

step 03 切换为黑色吸管工具，在图像的黑色区域单击，调整图像，如图 4-12 所示。

step 04 如果看起来太暗或者太亮，都可以通过中间滑块调整图像的亮度，如图 4-13 所示。

step 05 执行【文件】→【存储为】命令，将文件保存为"4-3_end.psd"。

图 4-12　用黑色吸管工具调整图像

图 4-13　调整图像的亮度

4.2　色 彩 调 整

通过 Photoshop 提供的图像色彩调整功能可以使得图像的色彩更加亮丽，例如，使用【色相/饱和度】、【去色】、【替换颜色】等命令调整图像的色彩。

4.2.1　【色相/饱和度】命令

利用【色相/饱和度】命令可以整体调整图像的颜色或者单个颜色的"色相""饱和度"

和"明暗度",如图 4-14 所示。

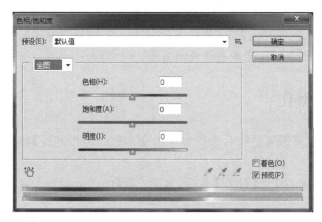

图 4-14　【色相/饱和度】对话框

- 预设:使用系统预设的颜色效果。
- 【全图】下拉菜单:针对全图或者选择图像中其他固定颜色,然后分别对它们的色相、饱和度和明暗度进行调整。
- :使用吸管工具在图像窗口中单击,可以将单击处的颜色设为当前要调整的颜色。
- :使用添加到取样工具在图像窗口中单击,可以在原有颜色的基础上增加当前单击处的颜色。
- :使用"从取样处减去"工具在图像窗口中单击,可以在原有颜色的基础上减去当前单击处的颜色。
- 【着色】复选框:选中该复选框,可以使灰色图像变为单一颜色的彩色图像,使彩色图像变为单一颜色的图像。

4.2.2　【去色】命令

利用【去色】命令可以整体去除图像中选定区域或者整幅图像的色彩,从而将其转换为灰度图像。但是此命令并不改变图像的模式。

4.2.3　【替换颜色】命令

使用【替换颜色】命令可以改变容差值范围内颜色的色相、饱和度、明度信息,如图 4-15所示。

- :使用吸管工具在图像窗口中单击,

图 4-15　【替换颜色】对话框

设置当前调整的基本颜色。

- 🖊️：使用添加到取样工具在图像窗口中单击，设置增加的颜色范围。
- 🖊️：使用"从取样处减去"工具在图像窗口中单击，设置减掉的颜色范围。
- 【颜色容差】滑块：设置颜色调整的范围。

4.2.4　案例操作

【案例 4-4】　本案例主要结合文件操作命令和【色相/饱和度】命令更换图像中房子墙体的颜色。

step 01 执行【文件】→【打开】命令，打开"素材\chapter04\素材 4.jpg"文件，如图 4-16 所示。

图 4-16　素材 4.jpg

step 02 执行【图像】→【调整】→【色相/饱和度】命令，打开【色相/饱和度】对话框，设置颜色为"红色"，【色相】、【饱和度】、【明度】的值分别为＋30、＋6、＋9，如图 4-17 所示。

图 4-17　【色相/饱和度】对话框中的设置

step 03 执行【文件】→【存储为】命令,将文件保存为"4-4_end. psd",如图 4-18 所示。

图 4-18　4-4_end. psd

【**案例 4-5**】　本案例主要结合文件操作命令和【替换颜色】命令更换图像的颜色。

step 01 执行【文件】→【打开】命令,打开"素材\chapter04\素材 5. jpg"文件,如图 4-19 所示。

图 4-19　素材 5. jpg

step 02 执行【图像】→【调整】→【替换颜色】命令,打开【替换颜色】对话框,使用吸管工具与添加到取样工具将叶子的部分选出,设置【色相】、【饱和度】、【明度】的值分别为 －80、+10、+5,如图 4-20 所示。

step 03 执行【文件】→【存储为】命令,将文件保存为"4-5_end. psd",如图 4-21 所示。

图 4-20 【替换颜色】对话框中的设置

图 4-21 4-5_end.psd

4.3 特殊色彩调整

通过 Photoshop 提供的特殊色彩调整命令也可以更改图像的颜色和亮度值,但它们通常用于增强颜色与产生特殊的效果,而不是校正颜色。在 Photoshop CS6 中,可以使用【反相】、【阈值】、【变化】等命令调整图像的颜色。

4.3.1 【反相】命令

使用【反相】命令可以翻转图像的颜色,如白变黑、黑变白等,它是唯一不会丢失图像颜色信息的命令。也就是说,用户可以再次执行该命令恢复图像的颜色。

4.3.2 【阈值】命令

利用【阈值】命令可根据图像的亮度值,将图像转换为黑白两色图像,打开的对话框如图 4-22 所示。

操作提示

用户可以通过【阈值】对话框设置进行转换的临界值,即亮度值大于该临界值的图像的像素转换为白色,小于该临界值的图像的像素转换为黑色。

4.3.3 【变化】命令

【变化】命令用于可视的调整图像或选区的色彩平衡、对比度和饱和度,此命令对于不需要精确调整图像的色调与色彩时最有用。打开的对话框如图 4-23 所示。

图 4-22 【阈值】对话框

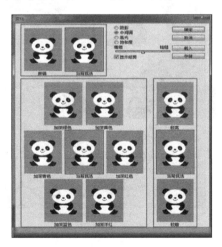

图 4-23 【变化】对话框

- 原稿:显示当前调整的图像。
- 当前挑选:显示调整过后的图像。
- 【阴影】、【中间调】、【高光】单选按钮:分别选择图像需要调整的暗部色调、中间色调、亮部色调。
- 【饱和度】单选按钮:调整图像的饱和度。

115

- 【精细/粗糙】调整杆：用于确定每次调整的数量，将滑块移动一格可使调整数量双倍增长。
- 【显示修剪】复选框：选中该复选框，将显示调整后的剪贴效果。

操作提示

> 用户还可以通过【色调分离】、【色调均化】、【渐变映射】等命令制作图像特殊的色彩效果。

4.3.4 案例操作

【案例 4-6】 本案例主要结合文字操作命令和【反相】命令制作图像特效。

step 01 执行【文件】→【打开】命令，打开"素材\chapter04\素材 6.jpg"文件，如图 4-24 所示。

step 02 执行【图像】→【调整】→【反相】命令，调整图像后得到的效果如图 4-25 所示。

图 4-24　素材 6.jpg

图 4-25　反相效果

step 03 执行【文件】→【存储为】命令，将文件保存为"4-6_end.psd"。

【案例 4-7】 本案例主要结合文件操作命令和【阈值】命令制作图像特效。

step 01 执行【文件】→【打开】命令，打开"素材\chapter04\素材 7.jpg"文件，如图 4-26 所示。

step 02 执行【图像】→【调整】→【阈值】命令，打开【阈值】对话框，设置【阈值色阶】分别为 50、100，如图 4-27 和图 4-28 所示。

图 4-26　素材 7.jpg

图 4-27　【阈值色阶】为 50 时的效果

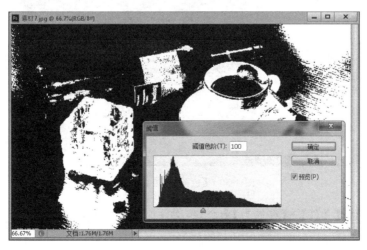

图 4-28　【阈值色阶】为 100 时的效果

step 03 执行【文件】→【存储为】命令,将文件保存为"4-7_end. psd"。

【**案例 4-8**】 本案例主要结合文件操作命令和【色调分离】命令制作图像特效。

step 01 执行【文件】→【打开】命令,打开"素材\chapter04\素材 8. jpg"文件,如图 4-29 所示。

图 4-29 素材 8. jpg

step 02 执行【图像】→【调整】→【色调分离】命令,打开【色调分离】对话框,设置【色阶】值分别为 4、12,如图 4-30 和图 4-31 所示。

图 4-30 【色阶】为 4 的效果

step 03 执行【文件】→【存储为】命令,将文件保存为"4-8_end. psd"。

图 4-31　【色阶】为 12 的效果

本 章 小 结

通过本章的学习,学生应熟练掌握调整图像色调与色彩以及特殊色彩控制方法的知识。

思 考 与 练 习

1. 填空题

(1) 在【色阶】对话框中,输入色阶最左侧的黑色滑块表示_____,向右拖动滑块可使图像变_____。输入色阶最右侧的白色滑块表示_____,向左拖动滑块可使图像变_____。输入色阶中间的灰色滑块表示_____,向左拖动滑块,可使图像变_____。向右拖动滑块可使图像变_____。

(2) 利用【曲线】命令调整图像时,在【曲线】对话框中,将曲线向上或向下弯曲可使图像_____或_____。

(3) 对图像的色调范围进行主调整的最简单方法是_____。

2. 单项选择题

(1) 下列(　　)命令用来调节色偏。
    A.【色调均化】　　　B.【阈值】　　　C.【色彩平衡】　　　D.【亮度/对比度】
(2) 下列(　　)调整命令可以提供最精确的调整。

    A. 【色阶】   B. 【亮度/对比度】

    C. 【曲线】   D. 【色彩平衡】

(3) 当图像偏蓝时,使用【变化】命令应当给图像增加(　　)。

    A. 黄色   B. 洋红   C. 绿色   D. 蓝色

(4) (　　)可以设定图像的白场。

    A. 选择工具箱中的吸管工具在图像的高光处单击

    B. 选择工具箱中的颜色取样器工具在图像的高光处单击

    C. 在【色相/饱和度】对话框中选择白色吸管工具并在图像的高光处单击

    D. 在【色阶】对话框中选择白色吸管工具并在图像的高光处单击

(5) 可以将黑白图像变成彩色图像的命令是(　　)。

    A. 【色彩范围】   B. 【亮度/对比度】

    C. 【色相/饱和度】   D. 【可选颜色】

3. 问答题

(1) 如何通过【曲线】命令控制图像色调调整的区域?

(2) 特殊色彩控制命令有哪些? 其特点是什么?

实 训 案 例

【案例 4-9】 制作反冲效果。

【实训目的】

(1) 掌握【亮度/对比度】命令的使用方法

(2) 掌握【色阶】命令的使用方法

(3) 掌握【色相/饱和度】命令的使用方法

【实训内容】

本案例主要结合文件操作命令、【通道】面板,以及【亮度/对比度】、【色阶】、【色相/饱和度】等命令制作图像的反冲效果。

step 01 执行【文件】→【打开】命令,打开"素材\chapter04\素材 9. jpg"文件,如图 4-32 所示。

step 02 打开【通道】面板,选中"蓝"通道,执行【图像】→【应用图像】命令,在打开的对话框中选择【反相】复选框,设置【混合】模式为"正片叠底",【不透明度】为 50%,如图 4-33 所示。

step 03 打开【通道】面板,选中"绿"通道,执行【图像】→【应用图像】命令,在打开的对话框中选择【反相】复选框,设置【混合】模式为"正片叠底",不透明度为 30%,如图 4-34 所示。

step 04 打开【通道】面板,选中"红"通道,执行【图像】→【应用图像】命令,在打开的对话框中设置【混合】模式为"颜色加深",【不透明度】为 100%,如图 4-35 所示。

图 4-32　素材 9.jpg

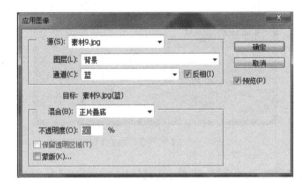

图 4-33　【应用图像】对话框

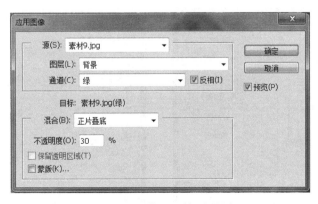

图 4-34　【应用图像】对话框中的设置(1)

step 05 再次选中"蓝"通道,打开【色阶】对话框,设置【输入色阶】为"20、0.8、155",如图 4-36 所示。

121

图 4-35　【应用图像】对话框中的设置（2）

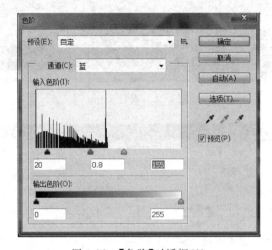

图 4-36　【色阶】对话框（1）

step 06 使用相同的方法分别设置绿、红通道【输入色阶】分别为"40、1.1、210"，"50、1.3、240"，如图 4-37 和图 4-38 所示。最后回到 RGB 通道。

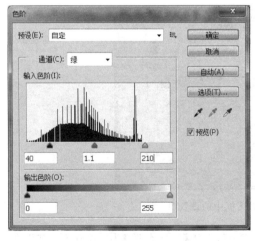

图 4-37　【色阶】对话框（2）

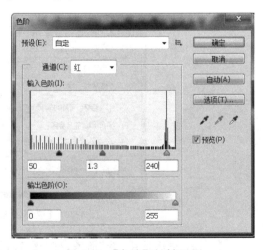

图 4-38　【色阶】对话框（3）

step 07 执行【图像】→【调整】→【亮度/对比度】命令,设置【亮度】、【对比度】分别为
－15、25,如图 4-39 所示。

图 4-39　【亮度/对比度】对话框

step 08 执行【图像】→【调整】→【色相/饱和度】命令,设置【饱和度】、【明度】分别为
20、－5,如图 4-40 所示。

图 4-40　【色相/饱和度】对话框

step 09 执行【文件】→【存储为】命令,将文件保存为"4-9_end.psd"。

【案例 4-10】　制作雪夜效果。

【实训目的】

掌握【阈值】命令的使用方法。

【实训内容】

本案例主要结合文件操作命令、【图层】面板、【阈值】等命令制作雪夜的效果。

step 01 执行【文件】→【打开】命令,打开"素材\chapter04\素材 10.jpg"文件,如
图 4-41 所示。

step 02 打开【图层】面板,按两次 Ctrl+J 组合键执行【复制】命令,如图 4-42 所示。

step 03 执行【滤镜】→【像素化】→【点状化】命令,在打开的【点状化】对话框中设置
【单元格大小】为 13,如图 4-43 所示。

step 04 执行【图像】→【调整】→【阈值】命令,在打开的【阈值】对话框中设置【阈值色
阶】为 255,如图 4-44 所示。

图 4-41　素材 10.jpg

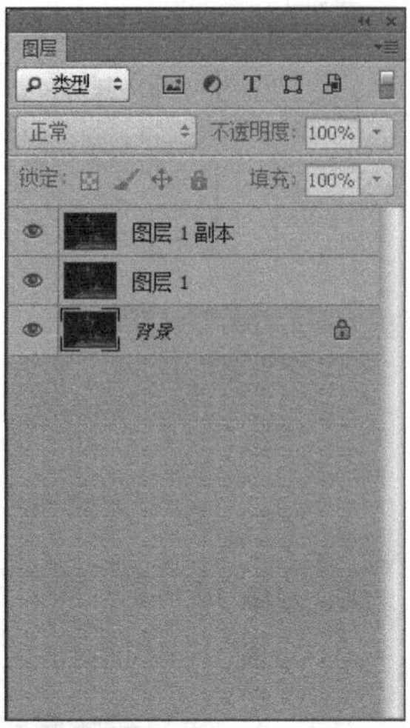

图 4-42　【图层】面板

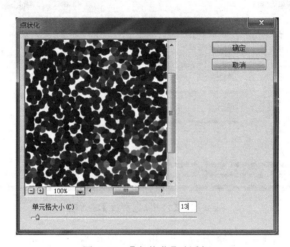

图 4-43　【点状化】对话框

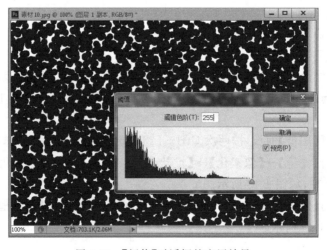

图 4-44　【阈值】对话框的应用效果

step 05 将"图层 1 副本"图层的混合模式设置为"滤色",如图 4-45 所示。

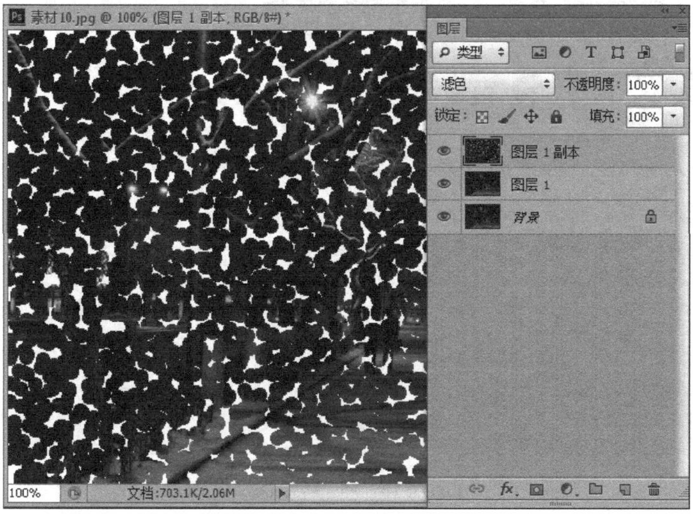

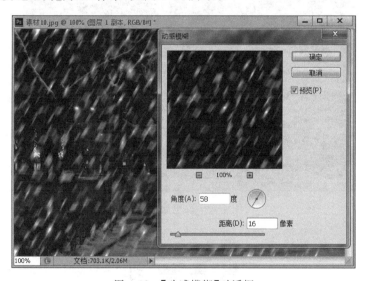

图 4-45　应用滤色混合模式效果

step 06 执行【滤镜】→【模糊】→【动感模糊】命令,在打开的【动感模糊】对话框中设置【角度】为 58 度,【距离】为 16 像素,如图 4-46 所示。

图 4-46　【动感模糊】对话框

step 07 将"图层 1 副本"图层的【不透明度】设置为 80%;单击【图层】面板下方的【添加蒙版】按钮 ,新建图层蒙版,如图 4-47 所示。

step 08 在工具箱中选择画笔工具 ,设置【不透明度】为 20%,使用该工具在图像中进行涂抹,如图 4-48 所示。

step 09 执行【文件】→【存储为】命令,将文件保存为"4-10_end. psd"。

125

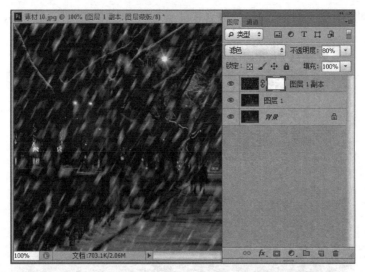

图 4-47　在【图层】面板中新建图层蒙版的效果

图 4-48　画笔涂抹效果

拓 展 练 习

拓展 1　调整沙发的颜色。

【实训知识点要求】　使用【替换颜色】、【色相/饱和度】等命令调整沙发的颜色，素材与最终效果如图 4-49 和图 4-50 所示。

拓展 2　制作浪漫的艺术效果。

【实训知识点要求】　使用魔棒工具在黄色座位上建立选区，并将选区内的图像复制到新的图层上。素材与最终效果如图 4-51 和图 4-52 所示。

126

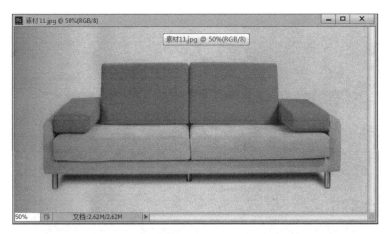

图 4-49　素材 11.jpg

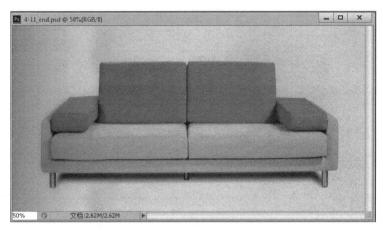

图 4-50　沙发的最终效果

图 4-51　素材 12.jpg

图 4-52　浪漫艺术照的最终效果

第5章 图 层

本章导读

在 Photoshop 中,图层是图像的基底,也是所有色彩的载体,通过对图层的叠加和处理,可以形成千变万化的效果。本章主要介绍 Photoshop 图层的概念、图层的基本操作和图层在不同样式、不同混合模式下的应用方法。通过本章内容的学习,大家应能理解图层的概念并熟练运用。

知识目标

> 图层的概念。
> 图层的基本操作。
> 图层的样式。
> 图层蒙版。
> 填充调整图层。
> 图层的混合模式。

能力目标

> 理解图层的概念。
> 熟练掌握图层的基本操作。
> 熟练掌握通过图层添加样式的方法。
> 理解和使用图层蒙版。
> 熟练掌握填充及调整图层的方法。
> 理解和熟练运用图层的混合模式。

5.1 图层的概念

图层就像一层透明的玻璃纸，透过这层纸上透明的部分，可以看到下一层纸上的内容，每一个图层的内容相对独立，有色素和无色透明的部分相互叠加，形成了最终的图像效果，如图 5-1 所示。

图 5-1 图层的叠加合成

5.2 图层的基本操作

在 Photoshop CS6 中，对图层的基本操作分别在两个位置，第一个是菜单栏中的【图层】菜单；第二个是常用的【图层】面板，分别如图 5-2 和图 5-3 所示。

图 5-2 【图层】菜单

图 5-3 【图层】面板

5.2.1　新建图层

新建图层可以通过【图层】菜单中的【新建】命令建立。在【新建】命令中，又可以分别通过【图层】、【背景图层】和【组】新建图层、背景图层和组。另一种方式可以通过【图层】面板的【新建】按钮 新建图层。

> **操作技巧**
>
> 在【图层】面板，可以把已存在的图层用鼠标拖曳到按钮 上，快速实现图层的复制。

5.2.2　改变图层叠放次序

在【图层】面板中，通过鼠标对图层的上下拖曳，可以改变图层的叠放次序。表示图层的图层栏位置越靠上代表该图层离我们越近，即遮住下面的图层。图层的叠放次序表示了哪个图层的图像掩盖住后面图层的图像，也就决定了图像的前后位置关系，因此在图像的表现上起到了很重要的作用，在使用时应先有一个整体的把握。

> **操作技巧**
>
> 已选中的图层栏可以通过 Ctrl 组合键加上向下或向上的箭头可以实现下移和上移一层的功能。

5.2.3　其他基本操作

图层建立后，图层栏会出现在【图层】面板中，双击面板中的图层名可对图层名称进行更改，如图 5-4 所示。

通过单击图层栏左侧的按钮可以显示或隐藏该图层，如图 5-5 所示。

图 5-4　命名图层

图 5-5　显示或隐藏图层

131

对于不再需要的图层,可以在【图层】面板中选中后按 Delete 键删除,或者把该图层栏拖至【删除】按钮 🗑 上删除。

【案例 5-1】 本案例将新建图层并对图层进行基本操作。

step 01 执行【文件】→【打开】命令,打开"素材＼chapter05＼素材 1. jpg""素材＼chapter05＼素材 2. jpg"和"素材＼chapter05＼素材 3. jpg"文件,创建案例 1 文件。

step 02 在素材 1 的文件中新建图层,将素材 2 中的船复制并粘贴到新建的图层上,并将该图层命名为"小船"。

step 03 将素材 3 中的鸭子选出并直接粘贴入素材 1 所在文件中,然后调整图层的顺序,达到如图 5-6 所示效果。

图 5-6　图层的操作

5.3　各种蒙版

图层除了通过本身是否存在像素来控制是否透明外,还可以利用蒙版来控制某些区域的透明度。而且这种方式不会破坏图层本身的像素,所以可以通过修改蒙版来反复修改图层的透明关系,是一种对图像无损的修改。

5.3.1　图层蒙版

普通的图层蒙版通过像素由黑色到白色的变化来控制图层的透明度,黑色表示透明,白色表示不透明,灰色表示半透明,而由黑色到白色共有 256 个灰阶即 256 种透明的程度。

【案例 5-2】 本案例主要通过使用图层蒙版来控制图层的透明度。

step 01 执行【文件】→【打开】命令,打开"素材＼chapter05＼素材 4. jpg"和"素材＼chapter05＼素材 5. jpg"文件。

step 02 把素材 5 的小孩图像复制到素材 6 所在的文件,双击图层 0 为其解锁,把图层 1 拖曳到图层 0 下方,如图 5-7 所示。

step 03 单击【图层】面板底部的按钮 ◙ ,为图层 0 添加图层蒙版,如图 5-8 所示。

图 5-7　图层操作　　　　　　　　　　　　　　图 5-8　添加图层蒙版

step 04 用鼠标单击新建的图层蒙版将其选中,使用椭圆工具在蓝色花朵形状中心绘制出一个圆形选区,并填充黑色,这样图层中该区域就变成了透明区域。

step 05 选中图层 1,利用变化工具调整图像的大小和位置,如图 5-9 所示。

图 5-9　应用图层蒙版的最终效果

操作技巧

> 按住 Shift 键并用鼠标单击图层蒙版，可以停用和恢复图层蒙版。
> 按住 Alt 键并用鼠标单击图层蒙版，可以单独显示图层蒙版。
> 单击图层和蒙版中间的锁链按钮，可以解锁图层和蒙版的位置链接关系，解锁后可用移动工具单独移动图层图像或者蒙版。

5.3.2 矢量蒙版

矢量蒙版是使用矢量图形圈定不透明区域的一种蒙版，而在 Photoshop 中的矢量是使用路径和图形来表示的，关于路径和图形的使用请参看第 6 章。

【案例 5-3】 本案例主要使用图形工具绘制出的路径表现图层的蒙版形状。

step 01 执行【文件】→【打开】命令，打开"素材\chapter05\素材 6.jpg"和"素材\chapter05\素材 7.jpg"文件。

step 02 把素材 7 中的图像复制到素材 6 所在的文件，放置在图层的右上角。

step 03 在屏幕左侧常用工具栏上按住矩形工具按钮不放，调出自定形状工具，如图 5-10 所示。

step 04 在属性栏中分别选择"路径方式"和相应的形状"会话 3"，如图 5-11 所示。

图 5-10 自定形状工具

图 5-11 自定形状工具属性栏

step 05 在图层 1 上绘制路径，如图 5-12 所示。

step 06 执行【图层】→【矢量蒙版】→【当前路径】命令，得到按照路径形状显示的效果，如图 5-13 所示。

操作技巧

> 对于在自定形状工具中没有的形状，可以通过选框后面的工具按钮来追加更多的形状。

5.3.3 剪贴蒙版

剪贴蒙版是使用相邻两个图层中下面图层的形状作为上个图层的蒙版来设置图像效果的一种方法，图像中最终出现的是上面图层的像素，而轮廓则使用下面图层的形状。

图 5-12 绘制路径

图 5-13 通过路径表现图层的蒙版

【案例 5-4】 本案例主要使用剪贴蒙版制作图像的效果。

step 01 执行【文件】→【打开】命令,打开"素材\chapter05\素材 8.jpg"和"素材\chapter05\素材 9.jpg"文件。

step 02 把素材 9 中的图像复制到素材 8 所在的文件。

step 03 把素材 8 图像中的白色部分用魔棒工具选中后删除,再新建图层并置于底层,以白色填充。

step 04 选中最上层火焰图层,执行【图层】→【创建剪贴蒙版】命令,如图 5-14 所示。

图 5-14 使用剪贴蒙版所制作的图像效果

> **操作技巧**
>
> 将鼠标光标置于在两个图层中间,按住 Alt 键单击,可快速生成剪贴蒙版。

5.4 填充、调整图层

在前面的章节中我们已经学习了图像的调整方法,可以通过【调整】菜单中的命令调整图像的色彩、饱和度等,使图像表现出更加准确和丰富的效果,可是这样的调整存在一个弊端,那就是调整后的图像无法恢复,对于局部的调整需要建立选区,而选区范围的调整也很不方便。在我们学习了蒙版的概念后,就有了一种新的方法可以达到同样的效果,同时又不对原始图像进行破坏,而且可以随时改变调整应用的区域,这种方法使用的就是填充图层和调整图层。

【案例 5-5】 本案例主要使用填充图层丰富图像的效果。

step 01 在【案例 5-4】操作的基础上单击【图层】面板下方的按钮,添加一个渐变图层,如图 5-15 所示。

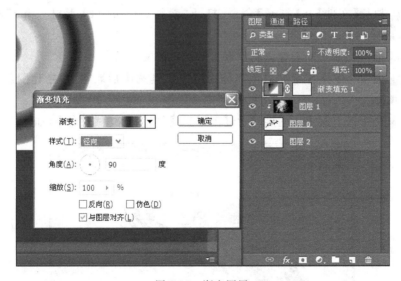

图 5-15 渐变图层

step 02 选中新建立的填充图层,执行【图层】→【创建剪贴蒙版】命令。

step 03 把该图层的【不透明度】降低为 50%,如图 5-16 所示。

图 5-16 使用填充图层丰富图像的效果

5.5 图层的混合模式

图层的混合模式和画笔的混合模式类似,典型的混合模式有正常、变暗、变亮、叠加、差值和色相 6 组模式,可以使相邻的图层进行混合显示。

【案例 5-6】 本案例主要使用图层的混合模式来表现文身的效果。

step 01 执行【文件】→【打开】命令,打开"素材\chapter05\素材 10.jpg"和"素材\chapter05\素材 11.jpg"文件,创建案例 2 文件。

step 02 将素材中的蝴蝶图案复制并粘贴到模特的后背上,并使用【自由变换】命令调整蝴蝶的大小和位置,如图 5-17 所示。

图 5-17 粘贴新图层

137

step 03 将蝴蝶所在的图层【混合模式】设置为"正片叠底",再使用【自由变换】命令调整蝴蝶的形状,效果如图 5-18 所示。

图 5-18　应用图层的混合模式

5.6　图层的样式

图层的样式是应用于一个图层可见像素的效果。Photoshop 提供了多种效果(如阴影、发光和斜面等)来更改图层内容的外观。图层效果图标将出现在【图层】面板中的图层名称的右侧。图层效果与图层内容相连接,移动或编辑图层的内容时,修改的内容中会应用相同的效果。

可以应用 Photoshop 附带提供的某一种预设样式,或者使用【图层样式】对话框来创建自定样式。自定样式也可以保存为预设样式,供以后在不同的图层中使用同一种样式时直接选择。

Photoshop 提供了以下样式。

- 投影：在图层内容的后面添加阴影。
- 内阴影：紧靠在图层内容的边缘内添加阴影,使图层具有凹陷的外观。
- 外发光和内发光：添加从图层内容的外边缘或内边缘发光的效果。
- 斜面和浮雕：对图层添加高光与阴影的各种组合。
- 光泽：应用创建光滑光泽的内部阴影。
- 颜色叠加、渐变叠加和图案叠加：用颜色、渐变或图案填充图层的内容。
- 描边：使用颜色、渐变或图案在当前图层上描画对象的轮廓,它对于硬边形状(如文字)特别有用。

【案例 5-7】　本案例主要使用图层的样式来表现图层的不同效果。

138

step 01 执行【文件】→【打开】命令,打开"素材\chapter05\素材 12. jpg"文件。

step 02 选中标题图层,单击【图层】面板下方的添加图层样式按钮 *fx*。

step 03 在弹出的【图层样式】对话框中选择【投影】选项,设置【不透明度】为 75%,【距离】为 9 像素,【扩展】为 9%,【大小】为 16 像素,如图 5-19 所示。

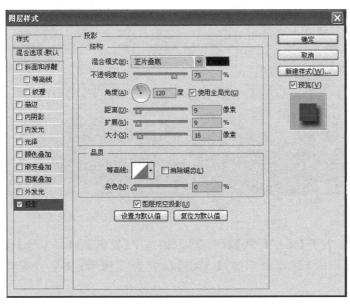

图 5-19　【投影】样式

step 04 再次打开【图层样式】对话框,选择【外发光】选项,颜色选为浅绿色,设置【扩展】为 6%,【大小】为 29 像素,然后单击【确定】按钮,如图 5-20 所示。得到的效果如图 5-21 所示。

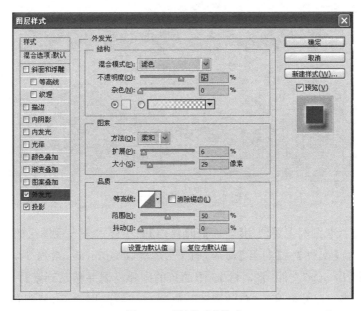

图 5-20　【外发光】样式

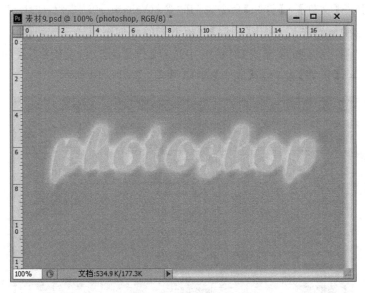

图 5-21　外发光效果

step 05 再次打开【图层样式】对话框，取消选中【投影】和【外发光】选项，选择【内阴影】选项，并把【距离】设置为 5 像，【大小】设置为 5 像素，文字效果陷入纸内部，如图 5-22 所示。

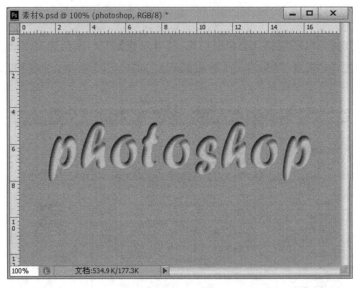

图 5-22　【内阴影】样式

【案例 5-8】　本案例主要使用【斜面】和【浮雕】图层样式来表现图层的效果。

step 01 执行【文件】→【打开】命令，打开"素材\chapter05\素材 13.jpg"和"素材\chapter05\素材 14.jpg"文件，将素材 13 中的鱼的图片复制并粘贴到素材 14 中。

step 02 新建图层并命名为"鱼的影子"，放到"鱼"的图层之下，复制鱼的选区并制作鱼的影子,如图 5-23 所示。

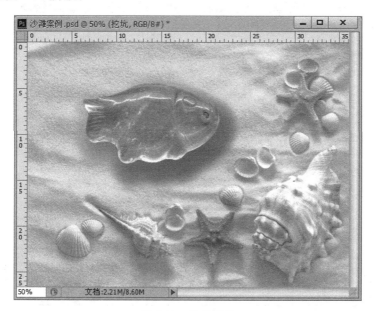

图 5-23　鱼的影子

step 03 在鱼和影子中间新建图层"挖坑",并在【图层】面板中双击打开【图层样式】对话框,在【混合选项】中将【填充不透明度】设置为 0,选中【斜面和浮雕】样式中的等高线选项,并把等高线设置为如图 5-24 所示的样式,把【范围】设置为 100%。

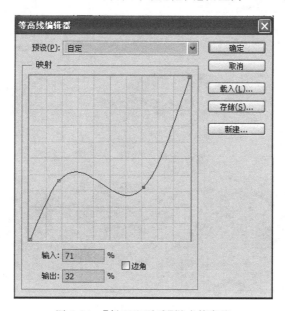

图 5-24　【斜面和浮雕】样式等高线

step 04 重新选中【斜面和浮雕】选项,将【方向】设置为向下,表示凹陷;其他各参数调整至如图 5-25 所示。

141

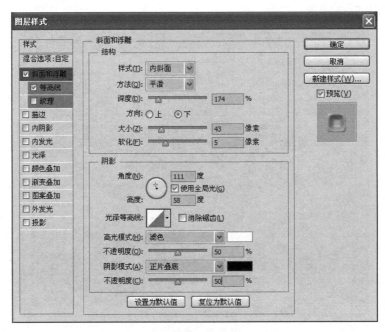

图 5-25　【斜面和浮雕】样式

step 05 使用画笔工具沿鱼的外形画出其轮廓,并使用橡皮擦工具修改,制作出鱼在沙上压出的痕迹,如图 5-26 所示。最终效果如图 5-27 所示。

图 5-26　轮廓效果

【**案例 5-9**】　本案例主要使用【发光】图层样式来表现发光体的不同效果。

step 01 执行【文件】→【打开】命令,打开"素材\chapter05\素材 15.jpg"文件。

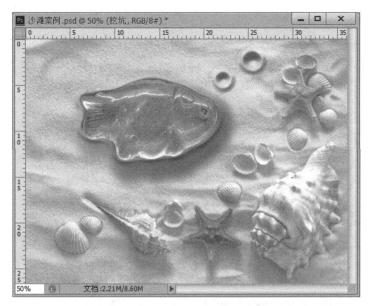

图 5-27　斜面和浮雕效果

step 02 新建图层,将前景色调为白色。选择画笔工具,【笔尖大小】设置为 20 像素,【硬度】设置为 100%,在图层上画出一个箭头的形状,如图 5-28 所示。

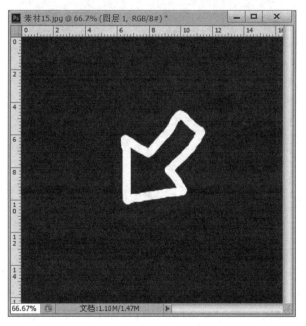

图 5-28　箭头形状

step 03 双击图层缩略图,打开【图层样式】对话框,选择【内发光】样式,选择【可编辑渐变】颜色条,把颜色调整为由白色到粉色,透明度为 100%,如图 5-29 所示。

【阻塞】调整为 31%,【大小】设置为 9 像素,如图 5-30 所示。

143

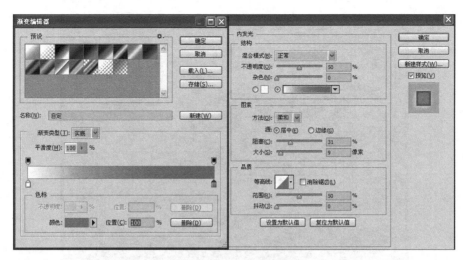

图 5-29 【内发光】样式

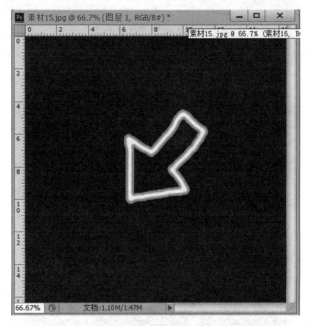

图 5-30 【阻塞】和【大小】选项的调整

step 04 再次打开【图层样式】对话框,选择【外发光】选项,颜色选为浅粉色,【扩展】设为 10%,【大小】设为 10 像素,然后单击【确定】按钮,效果如图 5-31 所示。

step 05 再次打开【图层样式】对话框,选择【投影】选项,并在【混合模式】中选择为"滤色",【距离】设为 6 像素,【扩展】设为 22%,【大小】设为 100 像素,效果如图 5-32 所示。

step 06 使用画笔工具在图层中创建更多的图形,并改变前面步骤中的粉色为其他颜色,设置其他颜色为绿色霓红灯的效果,如图 5-33 所示。

144

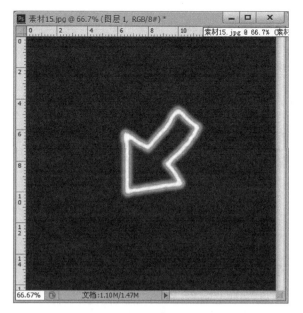

图 5-31　【外发光】样式

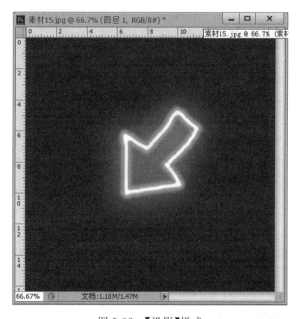

图 5-32　【投影】样式

操作技巧

　　在调整【内发光】样式时,【阻塞】和【大小】两个选项可以反复调整,以达到案例中的效果。

145

图 5-33　绿色霓红灯效果

本 章 小 结

通过本章的学习,应该掌握图层及图层蒙版的用法,掌握利用图层进行图像处理等方面的知识。

思 考 与 练 习

1. 填空题

(1) 普通的图层蒙版通过像素由黑色到白色的变化来控制图层的透明度,黑色表示_____,白色表示_____,灰色表示_____,而由黑色到白共有_____个灰阶来控制透明的程度。

(2) 要合并图层,需要选中相应的图层,按_____＋_____组合键。

(3) 使图层整体变暗的图层模式有变暗、_____、_____、_____、深色。

(4) 图层的蒙版有普通图层蒙版、_____、_____。

(5) 快速建立剪贴蒙版的方法是把鼠标光标放于_____之间,按_____键并左击。

(6) 图层的样式是应用于图层_____部分的效果。

2. 单项选择题

（1）下面的（　　）组合键用于合并图层。

　　A. Ctrl＋S　　　　　　　　　　　　B. Ctrl＋C

　　C. Ctrl＋V　　　　　　　　　　　　D. Ctrl＋E

（2）下面不能使图层透明的方式是（　　）。

　　A. 降低图层的不透明度　　　　　　B. 用橡皮擦擦除普通图层

　　C. 为图层使用黑色蒙版　　　　　　D. 为白色图层使用滤色的混合模式

（3）可使图像变亮的图层混合模式是（　　）。

　　A. 正片叠底　　　B. 滤色　　　C. 变暗　　　D. 深色

（4）Photoshop 样式文件的格式是（　　）。

　　A. .html　　　B. .psd　　　C. .asl　　　D. .png

3. 问答题

（1）图层填充和调整图层相对于图像单纯的调整和填充有什么优点？

（2）两个图层叠加时，如何快速去除上面图层中的黑色或白色？

实 训 案 例

【案例 5-10】　制作玻璃文字。

【实训目的】

（1）掌握各种图层样式的设置方法。

（2）掌握多种图层样式的叠加方法。

【实训内容】

本案例对文字使用多种图层样式进行修饰，设置各种不同样式中的参数，并在多种样式间彼此协调，达到最终有光泽和透明的效果。

【案例 5-11】　本案例主要使用图层【发光】样式来表现发光体的不同效果。

step 01　执行【文件】→【打开】命令，打开"素材\chapter05\素材 16.jpg"文件。

step 02　双击文字图层缩略图，打开【图层样式】对话框，选择【投影】样式，设置颜色为浅蓝色，【不透明度】为 70％，【距离】为 16 像素，【大小】为 11 像素，如图 5-34 所示。

step 03　选择【外发光】样式，设置【混合模式】为"滤色"，【不透明度】为 80％，颜色为浅蓝色，【大小】为 22 像素，【范围】为 50％，如图 5-35 所示。

step 04　选择【颜色叠加】样式，颜色设置为更浅的蓝色。

step 05　选择【光泽】样式，设置【混合模式】为"叠加"，【不透明度】为 100％，颜色为浅蓝色，【大小】为 38 像素，【距离】为 38 像素，等高线的设置如图 5-36 所示。各参数如图 5-37 所示。

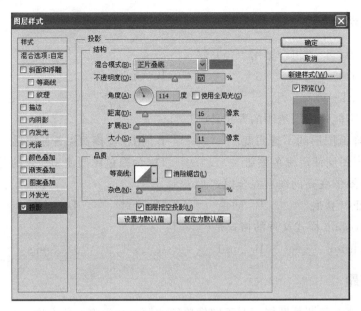

图 5-34 【阴影】样式

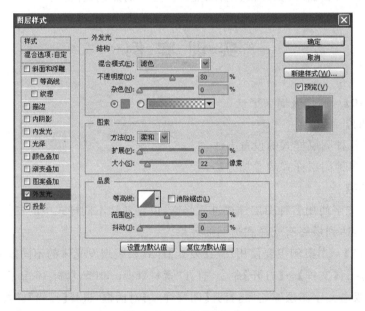

图 5-35 【外发光】样式

step 06 选择【内发光】样式,设置【混合模式】为"正片叠底",【不透明度】为 50％,颜色为深蓝色,【源】为"边缘"方式,【大小】为 8 像素,【范围】为 50％,如图 5-38 所示。

step 07 选择【内阴影】样式,设置【混合模式】为"正片叠底",【不透明度】为 85％,颜色为深蓝色,【距离】为 11 像素,【阻塞】为 25％,【大小】为 22 像素,如图 5-39 所示。

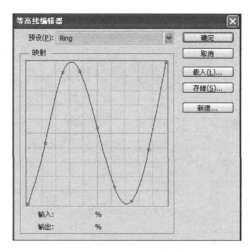

图 5-36　光泽等高线

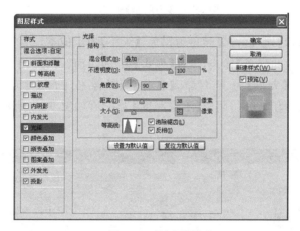

图 5-37　【光泽】样式

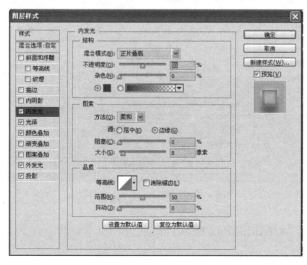

图 5-38　【内发光】样式

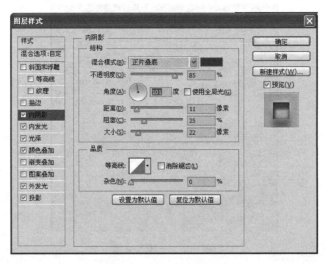

图 5-39 【内阴影】样式

step 08 选择【描边】样式，设置颜色为黑色，【大小】为 1 像素。

step 09 选择【斜面和浮雕】样式，设置【样式】为"内斜面"，【方法】为"平滑"，【深度】为100％，【方向】为"上"，【大小】为 11 像素，【软化】为 3 像素，【角度】为 135 度，【高度】为69 度，高光【不透明度】为 100％，阴影【不透明度】为 0％，如图 5-40 所示。等高线的设置如图 5-41 所示。

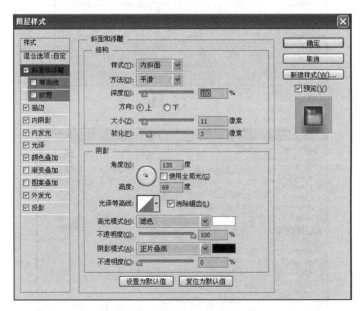

图 5-40 【斜面和浮雕】样式

制作完成的文字效果如图 5-42 所示。

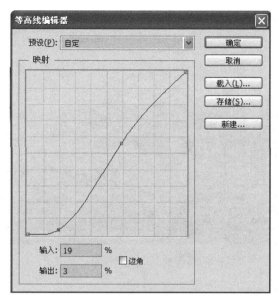

图 5-41　【等高线编辑器】对话框

图 5-42　最终玻璃文字的效果

拓 展 练 习

拓展 1　制作小船的倒影。

【实训知识点要求】 在【案例 5-1】的基础上，利用多个图层的叠加，合理排列其先后顺序，制作小船和鸭子在水中的倒影，最终效果如图 5-43 所示。

图 5-43　水中倒影.jpg

拓展 2　制作墙中人物。

【实训知识点要求】　使用图层的叠加混合，调整图层、蒙版和样式，综合制作人在墙中的效果。素材和最终效果如图 5-44 所示。

图 5-44　素材和最终效果

第6章 路径与形状的使用

本章导读

图像有两种基本的构成方式：一种是矢量图像；另一种是位图图像。路径是矢量对象，路径工具是 Photoshop 矢量设计功能的充分体现。矢量对象与分辨率无关，因此，在对它们进行缩放、存储为 PDF 文件或导入基于矢量的图形应用程序时，会保持清晰的边缘，而不会出现锯齿。本章主要介绍 Photoshop CS6 路径的概念，并介绍钢笔工具、形状工具、路径的修改与编辑、路径转化为选区等方面的知识。通过本章内容的学习，学生应熟练运用路径和形状工具。

知识目标

➢ 钢笔工具的使用方法。
➢ 路径的编辑。
➢ 形状工具。
➢ 组合路径。
➢ 路径转化为选区。

能力目标

➢ 熟练运用钢笔工具绘制路径。
➢ 熟练运用锚点工具编辑并修改路径。
➢ 熟练运用形状工具创建各种形状。
➢ 熟练运用形状组合绘制各种特殊形状。
➢ 熟练掌握路径并转化为选区操作。
➢ 掌握使用路径绘制图形的操作技巧。

6.1　路径的创建与编辑

6.1.1　路径的基本概念

图像有两种基本的构成方式：一种是矢量图像；另一种是位图图像。对于矢量图像来说，路径和点是它的两个要素。路径是指矢量对象的线条，点则是确定路径的基准。在矢量图像的绘制中，图像中每个点和点之间的路径都是通过计算自动生成的。在矢量图像中记录的是图像中每个位置的坐标以及这些坐标间的相互关系。与矢量图像不同，位图图像中记录的是像素的信息，整个位图图像是由像素矩阵构成的，图像放大后会出现明显的像素矩阵，会使图像变虚并失真，如图 6-1 所示。位图图像不用记录烦琐复杂的矢量信息，而以每个点为图像单元的方式真实地表现自然界中的任何画面，因此通常用位图来制作和处理照片等需要逼真效果的图像。

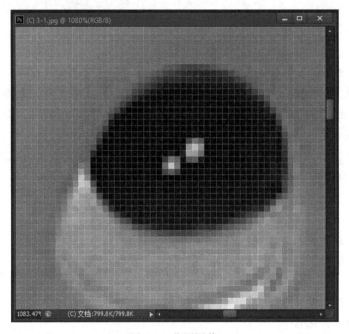

图 6-1　位图图像

在 Photoshop 中，路径功能是其矢量设计功能的充分体现。路径是指用户勾绘出来的由一系列点连接起来的线段或曲线，如图 6-2 所示。可以沿着这些线段或曲线填充颜色，或者进行描边，从而绘制出图像。使用路径的功能，可以将一些不够精确的选取范围转换成路径后再进行编辑和微调，以完成一个精确的选取范围，此后再转换为选区使用。

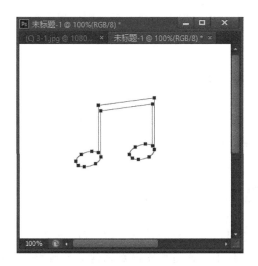

图 6-2　矢量路径

6.1.2　用钢笔工具绘制路径

路径是由多个点组成的线段或曲线,因此它可以以单独的线段或曲线存在。钢笔工具是建立路径的基本工具,使用该工具可创建直线、折线、曲线路径。

工具栏上的图标 是钢笔工具组,包括钢笔工具、自由钢笔工具、添加锚点工具、删除锚点工具、转换点工具,如图 6-3 所示。

通过钢笔工具属性栏中的【工具模式】按钮可设置 3 种工具模式,如图 6-4 所示。

图 6-3　钢笔工具组

6-4　路径的【工具模式】按钮

- 形状:创建形状图层。形状图层包含使用前景色或者所选样式填充的填充图层,以及定义形状轮廓的矢量蒙版。填充图层与矢量蒙版之间为链接状态。
- 路径:创建工作路径。工作路径用于定义形状的轮廓。创建工作路径后,可以使用它来创建选区和矢量蒙版,或者使用颜色填充和描边路径以创建栅格化图形。
- 像素:直接在当前图层上绘制栅格化图像。在此模式中工作时,创建的是栅格化图像,而不是矢量图像,而且不增加图层。可以像处理任何一样来处理绘制的形状,但此模式只能用于形状工具,不能用于钢笔工具。

钢笔工具不仅可以绘制出直线和折线路径,还可以绘制出曲线路径。

在 Photoshop 中,路径是指由贝塞尔曲线构成的线条或图形。贝塞尔曲线是指由 3 点组合定义成的曲线,其中一个点(锚点)在曲线上,另外两个点(控制点)在控制柄上,移动这 3 个点就可以改变线条的曲率和方向。利用钢笔工具绘制路径时通过调整控制柄绘制出平滑曲线,具体操作方法为单击锚点并拖动即会出现两个控制点。

操作技巧

> 钢笔工具的快捷键是 P 键(英文输入法状态)。
>
> 绘制直线路径时按住 Shift 键可以绘制 45°、90°的直线。
>
> 在使用钢笔工具绘制路径时,按住 Ctrl 键,钢笔工具会变成路径选择工具,即可进行路径的移动或编辑等操作。

6.1.3 自由钢笔工具

自由钢笔工具的功能跟钢笔工具的功能基本一样,两者的主要区别在于建立路径的操作不同——自由钢笔工具不是通过建立锚点来建立勾画路径,而是通过绘制曲线来勾画路径。

自由钢笔工具的属性栏比钢笔工具的属性栏多了一个【磁性的】复选框。选中该复选框后,磁性钢笔工具被激活,表明此时的自由钢笔工具具有磁性。磁性钢笔工具的功能与磁性套索工具基本相同,也是根据选取边缘在指定宽度内的不同像素值的反差来确定路径,差别在于使用磁性钢笔工具生成的是路径,而不选取范围。

6.1.4 路径选择工具和直接选择工具

在编辑路径之前需要先选中路径或锚点。选择路径的常用工具是路径选择工具▶和直接选择工具▶。使用路径选择工具选择路径后,被选中的路径以实心点的方式显示各个锚点,表示此时已选中整个路径,如图 6-5 所示 。使用直接选择工具选择路径,则被选中的路径以空心点的方式显示各个锚点,可以编辑调整每个锚点,如图 6-6 所示。两个工具在使用时可以按住 Ctrl 键来进行切换。

图 6-5　路经选择工具

图 6-6　直接选择工具

　　　　路径选择工具 的快捷键是 A 键。路径选择工具 和直接选择工具 ,在使用时可以按住 Ctrl 键来进行切换。

6.1.5　添加锚点工具、删除锚点工具和转换点工具

　　增加锚点和删除锚点,需要使用工具箱中的添加锚点工具 和删除锚点工具 。这两个工具的使用方法为:要增加一个锚点,则可在选中添加锚点工具按钮后,移动鼠标指针至图像中的路径的相应位置上单击即可;要删除锚点,则可在选中删除锚点工具按钮后,移动鼠标指针至图像中的路径的锚点上单击即可。添加锚点可以增强对路径的控制,也可以扩展开放路径,但是锚点少的路径更易于编辑、显示和打印,所以最好删除不必要的锚点来降低路径的复杂性。

　　　　如果在钢笔工具的属性栏中勾选了"自动添加删除",使用钢笔工具在路径上单击,则可以添加一个锚点;在锚点上单击,可删除锚点。这样就可以使用钢笔工具快速地添加锚点和删除锚点了。

　　锚点可以分为 3 种:直线锚点、平滑点和角点。
- 直线锚点:连接两条直线的锚点。直线锚点没有控制柄。
- 平滑点:连接两条平滑曲线的锚点。当在平滑点上移动控制柄时,将同时调整平滑点两侧的曲线段。
- 角点:连接两条锐化曲线的锚点。当在角点上移动控制柄时,只调整与控制柄同侧的曲线段。

　　利用转换点工具可以对锚点类型进行转换。在转换锚点时,先选择需要修改的路径,然后选择转换点工具,将转换点工具放置在锚点或控制点上,可以对锚点进行相应的类型转换。

6.1.6　【路径】面板的使用

　　执行【窗口】→【路径】命令,打开【路径】面板,该面板中列出了每个已存储的路径、工作路径和矢量蒙版路径的名称与缩览图,如图 6-7 所示。
- 路径名称:便于在多个路径之间区分。
- 路径缩览图:用于显示当前路径的内容,它可以迅速地辨识每一条路径的形状。
- 工作路径:以蓝色显示的路径为工作路径。在编辑路径时,只对当前工作路径起作用,并且工具路径只能有一个。

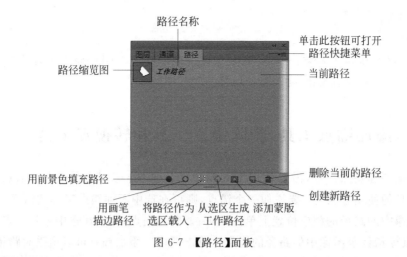

图 6-7 【路径】面板

- 创建新路径：新建路径。
- 删除当前的路径：可在【路径】面板中删除当前选定的路径。
- 从选区生成工作路径：可将当前选区转换为工作路径。
- 将路径作为选区载入：可以将当前工作路径转换为选区。
- 用画笔描边路径：可以按设置的绘图工具和前景色沿着路径进行描边。
- 用前景色填充路径：Photoshop 以前景色填充被路径包围的区域。
- 面板的快捷菜单：单击【路径】面板右上角的小三角 ▼≡ 按钮，可以打开一个菜单，如图 6-8 所示，从中选择编辑路径的命令。

图 6-8 【路径】面板的快捷菜单

使用【路径】面板可以显示路径和隐藏路径，方法是：
- 用鼠标在【路径】面板中的空白区域单击，可隐藏所有路径。
- 按 Shift 键单击【路径】面板中的路径层，可隐藏当前路径。
- 用鼠标单击【路径】面板中的路径层，可以显示该路径。

6.1.7 复制、删除、变换路径

路径可以看成是个图层中的图像。因此，可以对它进行复制、删除、重命名等操作，甚至还可以进行旋转、翻转和自由变换等操作。

重命名路径的方法是在【路径】面板中选择路径并双击，即可弹出输入新名称的对话框，如图 6-9 所示。

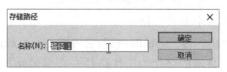

图 6-9 【存储路径】对话框

- 如果要复制路径层,但不重命名路径层,可将路径层拖动到【创建新路径】按钮上。
- 如果要复制并重命名路径层,可按住 Alt 键,将路径层拖动到【创建新路径】按钮上;或者选择要复制的路径层,然后从【路径】面板的快捷菜单中执行【复制路径】命令,在弹出的【复制路径】对话框中输入路径的新名称,并单击【确定】按钮。
- 在编辑窗口选择路径并按住 Alt 键拖动,可在当前路径上复制选择的路径。

路径可以利用转换点工具、路径选择工具和直接选择工具进行形状的调整;还可以通过执行【编辑】→【变换路径】和【自由变换路径】命令,对路径进行旋转、缩放、扭曲等变形操作。

操作技巧

路径选择工具用于选择单条路径,按 Shift 键或利用选择框可以同时选择多条路径。

利用路径选择工具选择一条路径,拖动鼠标,即可在不改变路径形状和大小的情况下整体移动路径,选择路径并按住 Alt 键拖动鼠标,可在当前路径上复制选择的路径。

6.1.8　路径的描边和填充

使用钢笔工具绘制路径与使用画笔工具或铅笔工具绘制元素不同,路径没有与它关联的像素,因此必须对它进行描边或填充,才能使它成为图像的一部分。路径的描边和填充使用【路径】面板来实现。

描边路径的方法是在【路径】面板中选择路径后,执行【路径】面板快捷菜单中的【描边路径】命令,或者按住 Alt 键单击【路径】面板底部的【用画笔描边路径】按钮,可打开【描边路径】对话框,如图 6-10 所示。然后设置描边工具(通常选择铅笔),再单击【确定】按钮即可,则使用选择的工具的当前设置对路径进行描边。

图 6-10　【描边路径】对话框

填充路径的方法是,在【路径】面板中选择路径,执行【路径】面板快捷菜单中的【填充路径】命令,或按住 Alt 键单击【路径】面板底部的【用前景色填充路径】按钮,可打开【填充路径】对话框,如图 6-11 所示。设置好参数,单击【确定】按钮,可使用指定的颜色、模式、图案来填充路径。

图 6-11 【填充路径】对话框

6.1.9 案例操作

【案例 6-1】 创建直线路径和折线路径。

step 01 执行【文件】→【新建】命令,新建一个大小为 300 像素×300 像素、颜色模式为 RGB、背景内容为白色、分辨率为 72 像素/英寸的文件。

step 02 选择工具箱中的钢笔工具 ,并单击属性栏中的【工具模式】按钮 路径 ,选择"路径"工具模式。

step 03 移动鼠标光标到图像窗口,在如图 6-12 所示的位置上单击,图像窗口上将出现一个锚点。

step 04 移动鼠标光标到如图 6-13 所示的位置上并单击,将出现一个新的锚点,同时两个锚点之间画出一条直线路径。作为起点的锚点变成空心点,作为终点的锚点变为实心点,实心的锚点称为确定锚点。

图 6-12 建立起点

图 6-13 建立直线路径

step 05 移动鼠标光标到如图 6-14 所示的位置上并单击,这时将接着当前的锚点产生一条直线线段,使两条直线线段连成一条折线路径。

step 06 按照上述步骤,继续在其他位置上单击,绘制如图 6-15 所示的折线路径。

图 6-14　折线路径(1)

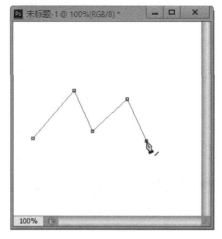

图 6-15　折线路径(2)

step 07 移动鼠标光标到起点处,鼠标指针将变成如图 6-16 所示的形状。

step 08 单击鼠标,将绘制如图 6-17 所示的闭合路径。

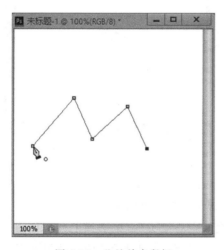

图 6-16　此处单击鼠标

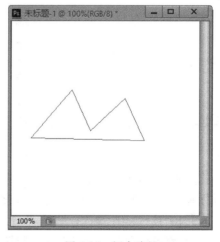

图 6-17　闭合路径

【案例 6-2】 拖动鼠标绘制一条曲线路径。

step 01 执行【文件】→【新建】命令,新建一个大小为 300 像素×300 像素、颜色模式为 RGB、背景内容为白色、分辨率为 72 像素/英寸的文件。

step 02 选择工具箱中的钢笔工具,在属性栏中设置工具模式为"路径"。移动鼠标光标到图像窗口,在如图 6-18 所示的画布位置上单击,建立起始锚点,并拖动鼠标直到出现两个控制柄。

161

step 03 移动鼠标光标到如图 6-19 所示的下一个位置上并单击,将出现一个新的锚点,拖动鼠标直到出现两个控制柄。两个锚点之间就出现了一条平滑的曲线。

图 6-18　建立锚点

图 6-19　平滑曲线

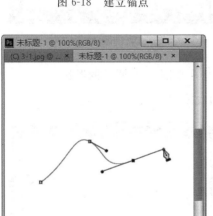

图 6-20　三锚点曲线

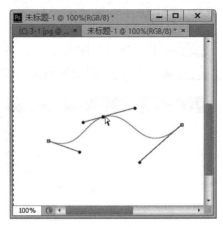

图 6-21　Ctrl 键＋钢笔工具

step 04 移动鼠标光标到如图 6-20 所示的位置上并单击,会再出现一个新的锚点,拖动鼠标直到出现两个控制柄。3 个锚点之间就出现了一条平滑的曲线。

step 05 按住 Ctrl 键选择路径,钢笔工具会变成空心箭头(直接选择工具),如图 6-21 所示,这时就可以调节每个锚点的控制柄,如图 6-22 所示,得到最后的曲线效果如图 6-23 所示。

【案例 6-3】　利用自由钢笔工具绘制老鹰路径并填充颜色。

step 01 执行【文件】→【打开】命令,打开"素材\chapter06\老鹰.jpg"文件。

step 02 选择工具箱中的自由钢笔工具 ,工具属性栏中勾选【磁性】复选框,沿着老鹰图片的边缘绘制,路径绘制方法与磁性套索工具完全相同,如图 6-24 所示。最后绘制出路径的效果见图 6-25。将文件保存为"6-3_end.psd"。

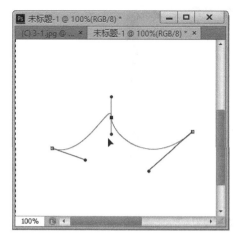

图 6-22　调节控制柄

图 6-23　最终效果

图 6-24　自由钢笔工具

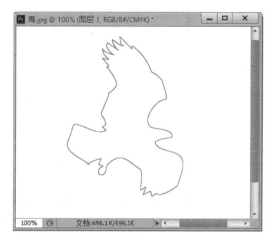

图 6-25　路径效果

【案例 6-4】　用综合钢笔工具组制作蜡烛的形状。

step 01 执行【文件】→【新建】命令,新建一个大小为 400 像素×400 像素、颜色模式为 RGB、背景内容为白色、分辨率为 72 像素/英寸的文件,并存储为"6-4_end.psd"。

step 02 选择工具箱中的钢笔工具,在属性栏中设置工具模式为"路径"。移动鼠标光标到图像窗口中,如图 6-26 所示,建立一个蜡烛的大概轮廓。

step 03 选择工具箱中的直接选择工具,再单击需要修改位置的锚点,并通过拖动控制柄调整曲线为合适的形状,形成蜡烛火焰的轮廓路径,如图 6-27 所示。

step 04 以相同方法建立蜡烛底座的形状路径,如图 6-28 所示。单击蜡烛底座内部区域,选择所有锚点,调整路径到合适位置,得到最后效果,如图 6-29 所示。

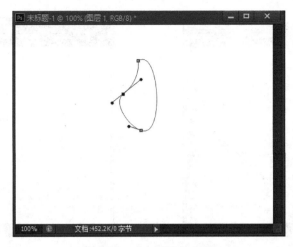

图 6-26 建立蜡烛的轮廓

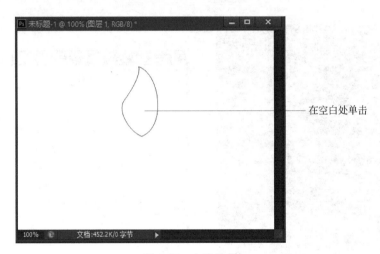

在空白处单击

图 6-27 火焰效果

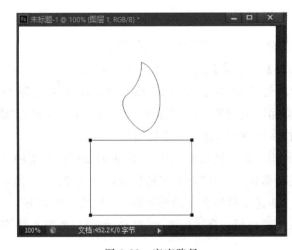

图 6-28 底座路径

164

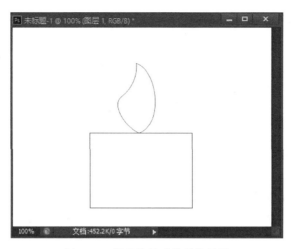

图 6-29　调整路径后的最终效果

【案例 6-5】　绘制心形花瓣。

step 01 执行【文件】→【新建】命令,新建一个大小为 300 像素×300 像素、颜色模式为 RGB、背景内容为白色、分辨率为 72 像素/英寸的文件。

step 02 选择工具箱中的钢笔工具,绘制一条心形的路径,如图 6-30 所示,【路径】面板如图 6-31 所示。

图 6-30　绘制心形路径(1)

图 6-31　【路径】面板的显示

step 03 选择工具箱中的路径选择工具,按住 Alt 键单击路径并拖动鼠标,可在当前路径上复制路径,如图 6-32 所示。

step 04 用同样的方法,可以再次复制路径,结果如图 6-33 所示。

step 05 选中其中的一条心形路径,右击执行【自由变换路径】命令,如图 6-34 所示,会出现路径变换控制框,适当做旋转调整,按 Enter 键确认,如图 6-35 所示。

step 06 重复上面的步骤,调整到恰当位置,心形花瓣就做好了,最后效果如图 6-36 所示。

图 6-32　绘制心形路径(2)

图 6-33　绘制心形路径(3)

图 6-34　绘制心形路径(4)

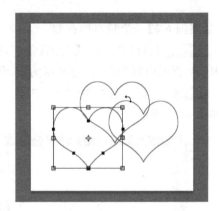

图 6-35　绘制心形路径 5

图 6-36　心形路径的最后效果

【案例 6-6】　对"6-3_end.psd"进行描边和填充。

step 01　执行【文件】→【打开】命令,打开"素材\chapter06\6-3_end.psd"文件。执行【文件】→【存储为】命令,将文件保存为"6-6_end.psd"。

step 02 设置前景色为♯54d9e9，设置画笔【大小】为 13。

step 03 打开【路径】面板，选择【用画笔描边路径】按钮。这时将使用画笔工具的当前设置对选择的路径进行描边，如图 6-37 所示。

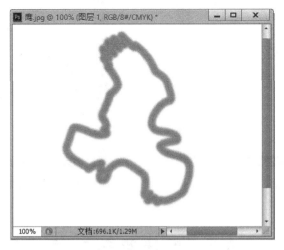

图 6-37　用画笔描边路径

step 04 设置前景色为♯9c8104，打开【路径】面板，选择【用前景色填充路径】按钮。这时将使用画笔工具的当前设置对选择的路径进行填充，如图 6-38 所示。

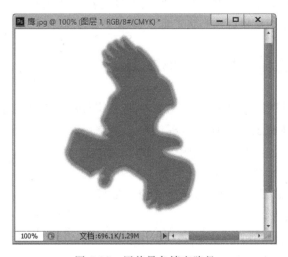

图 6-38　用前景色填充路径

【案例 6-7】　对【案例 6-5】的心形花瓣进行描边和填充。

step 01 执行【文件】→【打开】命令，打开"素材\chapter06\6-5_end.psd"文件。执行【文件】→【存储为】命令，将文件保存为"6-7_end.psd"。

step 02 设置前景色为♯fff603，设置画笔【大小】为 13。

step 03 打开【路径】面板，选择【用画笔描边路径】按钮。这时将使用画笔工具的当前设置对选择的路径进行描边，如图 6-39 所示。

step 04 设置前景色为＃ff7a04，打开【路径】面板，选择【用前景色填充路径】按钮。这时将使用前景色对选择的路径进行填充，如图 6-40 所示。

图 6-39　用画笔描边路径　　　　　　　　　　图 6-40　用前景色填充路径

6.2　形状路径工具

Photoshop 路径工具除可使用钢笔工具来绘制外，还有一组工具如矩形、椭圆、圆形等可以绘制常用的规则路径形状。这组形状工具包括直线工具、矩形工具、圆角矩形工具、椭圆工具、多边形工具和自定形状工具。

6.2.1　矩形工具和圆角矩形工具

使用矩形工具可以绘制出矩形、正方形的路径或形状。使用方法为：选择工具箱中的矩形工具 □，在画布上直接拖动鼠标绘制。绘制已知尺寸的矩形的方法为：选择工具箱中的矩形工具 □，直接在画布上拖动鼠标绘制。或者在画布上单击，会弹出参数设置对话框，如图 6-41 所示，设置相应参数即可绘制出精确尺寸的矩形。

图 6-41　矩形工具参数设置对话框

当选中矩形工具后，属性栏上就会显示出与该工具有关的各种属性，如图 6-42 所示。

图 6-42　矩形工具属性栏

矩形工具的工具模式和钢笔工具完全一样，选择"路径"工具模式的操作和钢笔工具"路径"工具模式的操作完全相同；选择"形状"工具模式后的区别是除了在【路径】面板上绘制相应的路径以外，如图 6-43 所示，还会在"图层"上出现一个形状图层，如图 6-44 所示。

6-43　【形状】工具模式下的【路径】面板

6-44　【形状】工具模式下的【图层】面板

在"形状"工具模式下可创建形状图层。在其属性栏中与填充和描边相关的参数说明如下。

- 设置形状填充类型 填充：：设置形状填充的样式。
- 设置形状描边类型 描边：：设置形状描边的样式。
- 设置形状描边宽度 0点：设置形状描边的宽度。
- 描边选项：设置描边的线条样式。

形状的编辑方法与路径的编辑方法完全相同，可增加和删除形状的锚点，移动锚点位置，也可以对形状进行缩放、旋转、翻转、斜切、扭曲、透视、变形等操作。

圆角矩形工具可以绘制圆角矩形，与绘制矩形的方法相同。

操作技巧

> 矩形工具的快捷键是 U 键。
>
> 选择矩形工具并按住 Shift 键，可以绘制正方形。

6.2.2　椭圆工具

使用椭圆工具可以绘制椭圆形和圆形，绘制方法与绘制矩形一样，按住 Shift 键可绘制圆形。

6.2.3　多边形工具

Photoshop 中使用多边形工具可以绘制多边形和星形。多边形工具的使用方法和矩形工具完全一样。多边形工具选项面板如图 6-45 所示，面板的选项说明如下。

- 宽度和高度：设置多边形或星形的半径，即图形中心到顶点的距离，用于绘制固定大小的多边形和星形。
- 边数：设置多边形的边数或星形顶点的数量，范围

图 6-45　多边形工具选项面板

为 3～100。

- 平滑拐角：设置多边形或星形的边角为圆角。
- 星形：选中该选项，则可以绘制星形。同时【缩进边依据】和【平滑缩进】选项有效。
- 缩进边依据：设置星形边缩进的百分比，指定星形半径中被点占据的部分。此值若被设置为 50%，则创建的点占据星形半径总长度的一半；如果设置大于 50%，则创建的点更尖、更稀疏；如果设置小于 50%，则创建的点更圆。
- 平滑缩进：使星形的边平滑地向中心缩进。

6.2.4　直线工具和自定形状工具

直线工具可以绘制直线和带有箭头的直线，按住 Shift 键可将直线的角度限制为 45°的倍数。直线工具绘制箭头时需要在【箭头】面板中设置，【箭头】面板如图 6-46 所示。

【箭头】面板具体选项含义如下。

- 起点和终点：向直线中添加箭头。选择【起点】选项，则可在直线的起点处添加箭头；选择【终点】选项，则可在直线的终点处添加箭头；同时选择这两个选项，则同时在直线的起点和终点处添加箭头。

图 6-46　【箭头】面板

- 宽度：以直线宽度的百分比指定箭头的宽度，范围在 10%～1000%。
- 长度：以直线长度的百分比指定箭头的长度，范围在 10%～5000%。
- 凹度：指定箭头最宽部分（箭头和直线在此连接）的弯曲度，范围在 -50%～50%。此值若被设置为 0%，则箭头尾部平齐；此值小于 0%，则箭头中心向外凸出；此值大于 0%，则箭头中心向内凹陷。

自定形状工具可以绘制自定形状的图像。在【自定形状】面板中选择一个形状，然后在画面中拖动鼠标，即可绘制选中的形状。默认情况下，【自定形状】面板中只包含少量的形状，而 Photoshop 提供的其他形状需要载入后才能使用，可以选择该面板快捷菜单的【载入形状】命令来实现。

6.2.5　案例操作

【**案例 6-8**】　利用矩形工具制作邮票的效果。

step 01 执行【文件】→【打开】命令，打开"素材\chapter06\长城. jpg"文件，如图 6-47 所示。执行【文件】→【存储为】命令，将文件保存为"6-8_end. psd"。

step 02 双击【图层】面板的"背景层"，修改名称为"图片"。

step 03 选中"图片"，右击并选择【自由变换】命令，按住 Shift 键并等比缩小图片，如图 6-48 所示。

step 04 在【图层】面板上增加一个背景层，填充颜色为＃f59710。

图 6-47 打开原始文件

图 6-48 自由变换图片

step 05 选择工具箱中的矩形工具 ▢，在属性栏中设置工具模式为"路径"，在图片外边绘制一个矩形路径，如图 6-49 所示。

图 6-49 绘制矩形

step 06 在"背景层"和"图片层"中间新建一个"边框"图层。

step 07 设置前景色为白色，打开【路径】面板，选择【用前景色填充路径】按钮，填充后的效果如图 6-50 所示。

step 08 选择工具箱中的橡皮擦工具 ✐，打开【画笔预设】面板，设置【画笔大小】和

【间距】选项,如图 6-51 所示。

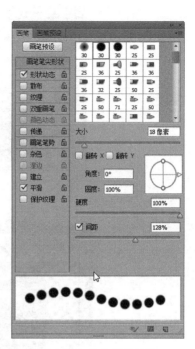

图 6-50　用前景色填充路径　　　　　　　图 6-51　橡皮擦的设置

step 09 打开【路径】面板,选择当前路径,右击并从快捷菜单中执行【描边路径】命令,弹出【描边工具】对话框,选择橡皮擦工具。确认描边,描边后的效果如图 6-52 所示。

图 6-52　描边后的效果

step 10 选择"边框"图层,添加【图层样式】中的【投影】效果,如图 6-53 所示。

【案例 6-9】　利用圆角矩形制作【开关】面板。

step 01 执行【文件】→【新建】命令,新建一个大小为 300 像素×300 像素、颜色模式为 RGB、背景内容为白色、分辨率为 72 像素/英寸的文件。

step 02 选择工具箱中的圆角矩形工具 ,在属性栏中设置工具模式为"形状",在画布上单击,在弹出的对话框选项中设置如图 6-54 所示,确认后得到的效果如图 6-55 所示。再在【图层】面板上修改图层名称为"按钮背板"。

172

图 6-53　投影后的效果

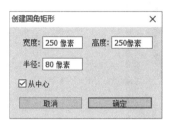

图 6-54　【创建圆角矩形】对话框

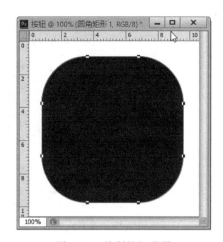

图 6-55　绘制按钮背景

step 03 单击属性栏的【设置形状填充类型】按钮，在弹出的【填充】面板中选择填充样式为"渐变"填充。左色标值为白色，右色标值为＃089bc0，如图 6-56 所示。填充后的效果如图 6-57 所示。

图 6-56　渐变设置

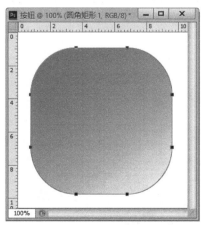

图 6-57　填充颜色

173

step 04 选择"按钮背板"图层的圆角矩形,添加【图层样式】中的【斜面和浮雕】样式,如图 6-58 所示。再添加【投影】图层样式,如图 6-59 所示。最后效果如图 6-60 所示。

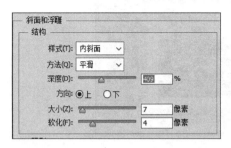

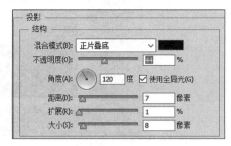

图 6-58 【斜面和浮雕】参数　　　　　　图 6-59 【投影】参数

图 6-60 按钮背板的效果

step 05 选择工具箱中的椭圆工具 ⬭,在属性栏中设置工具模式为"形状",在画布上单击,在弹出的对话框中选项的设置如图 6-61 所示,确认后得到的效果如图 6-62 所示。再在【图层】面板上修改图层名称为"按钮"。

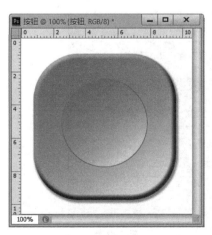

图 6-61 【创建椭圆】对话框　　　　　　图 6-62 绘制按钮

174

step 06 选择"按钮"图层的圆形,添加【图层样式】中的【内阴影】样式,参数如图 6-63 所示,最后效果如图 6-64 所示。

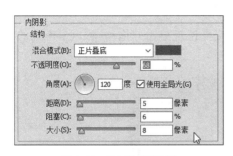

图 6-63　【内阴影】参数

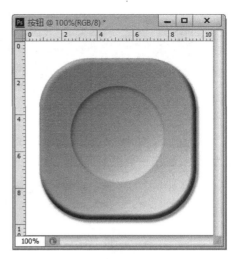

图 6-64　给按钮增加内阴影后的效果

【案例 6-10】　制作星形花瓣。

step 01 执行【文件】→【新建】命令,新建一个大小为 400 像素×400 像素、颜色模式为 RGB、背景内容为白色、分辨率为 72 像素/英寸的文件。将文件保存为"6-10_end. psd"。

step 02 执行【视图】→【标尺】命令,显示标尺。分别单击水平标尺和垂直标尺并拖动,创建两条参考线,如图 6-65 所示。

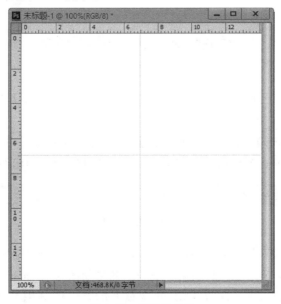

图 6-65　创建参考线

step 03 选择工具箱中的多边形工具 ，在属性栏中设置工具模式为"形状"，【边】选项值为 12，如图 6-66 所示。

图 6-66 多边形工具属性栏

step 04 按 Shift 键，移动鼠标光标到参考线的交点位置单击并拖动，将以参考线的交点为圆心，制作一个星形形状，如图 6-67 所示。

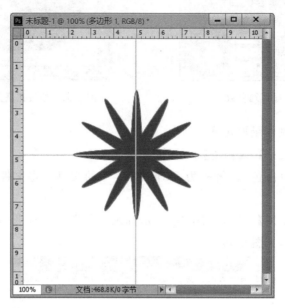

图 6-67 绘制星形

step 05 打开【图层】面板，用鼠标光标拖动"多边形 1"图层到【创建新图层】按钮上，复制出"多边形 1 副本"图层。

step 06 执行【编辑】→【自由变换路径】命令，将复制图层中的形状缩小到原来的 80%，设置属性栏中的选项如图 6-68 所示。单击按钮 ✓，效果如图 6-69 所示。

图 6-68 自由变换工具属性栏

step 07 在【图层】面板中双击"多边形 1 副本"图层的"图层缩览图"，设置前景色为 #dc6dc3，按 Alt＋Delete 组合键用前景色填充，效果如图 6-70 所示。

step 08 重复 step05～step07 4 次，每次填充的颜色值分别为 #eb8bd6、#fbbced、#fad6f1、#ffffff，最终效果如图 6-71 所示。

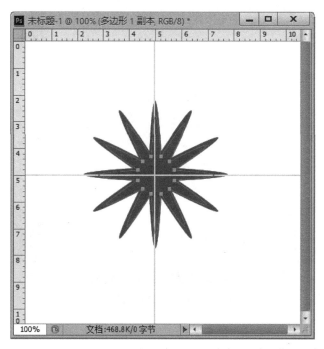

图 6-69　自由变换路径

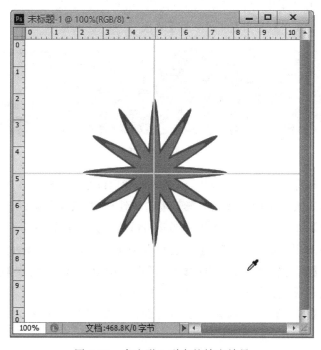

图 6-70　多边形 1 副本的填充效果

177

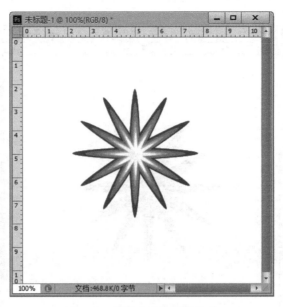

图 6-71　星形花瓣的最终效果

【案例 6-11】　制作一箭穿心效果。

step 01 执行【文件】→【新建】命令,新建一个大小为 400 像素×400 像素、颜色模式为 RGB、背景内容为白色、分辨率为 72 像素/英寸的文件。

step 02 选择工具箱中的自定形状工具 ,在属性栏中设置工具模式为"形状",单击"形状"右侧的按钮 ,打开【自定形状】面板,选择"红心形卡",如图 6-72 所示。

图 6-72　【自定形状】面板

step 03 拖动鼠标绘制选择的形状,填充色设置成红色,如图 6-73 所示。

step 04 选择工具箱中的直线工具 ,单击属性栏中的【工具】按钮,在弹出的【箭头】面板中设置【宽度】为 500%、【凹度】为 30%,勾选【终点】选项,如图 6-74 所示。

step 05 按住 Shift 键绘制箭头,填充色设置为黑色,如图 6-75 所示。

step 06 单击【工具】按钮,在弹出的【箭头】面板中取消选中【终点】选项。按住 Shift 键绘制直线,填充色设置为黑色,结果如图 6-76 所示。

step 07 打开【图层】面板,调整 3 个图层的位置如图 6-77 所示,最终效果如图 6-78 所示。

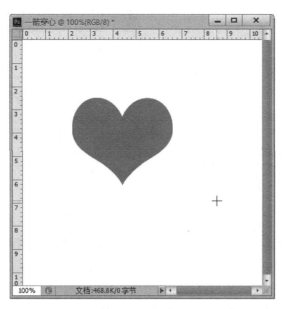

图 6-73　绘制心形形状

图 6-74　直线工具属性栏

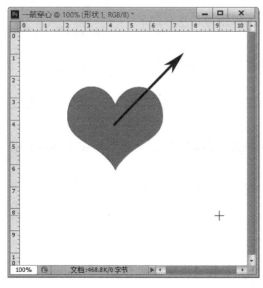

图 6-75　绘制箭头

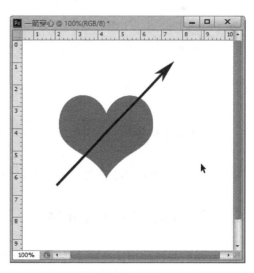

图 6-76　绘制箭身

图 6-77 图层位置

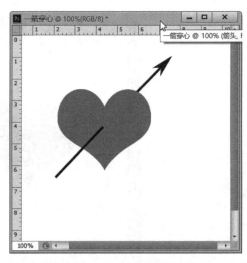

图 6-78 一箭穿心的最终效果

6.3 复杂路径操作

6.3.1 路径组合

选择形状工具绘制形状路径时,可通过路径组合来得到一些特殊形状,选中形状工具(如矩形工具、椭圆工具),在属性栏有一个"路径操作"选项,单击可打开下拉选项,如图 6-79 所示。

图 6-79 路径操作

- 新建图层:创建一个新的形状图层。
- 合并形状:在当前形状图层中,将新的区域添加到现有的形状中。
- 减去顶层形状:在当前形状图层中,将重叠区域从现有形状中移去。
- 与形状区域相交:在当前形状图层中,将区域限制为新区域和现有区域的交叉区域。
- 排除重叠形状:在当前形状图层中,从新区域和现有区域的合并区域中排除重叠区域。
- 合并形状组件:在当前形状图层中,将现有路径合并为一条路径。

6.3.2 路径转换为选区

在进行具体的图像处理工作时,经常需要在路径和选区之间相互转换。Photoshop 允许把任何闭合的路径轮廓转换成选区,并且可以设置转换后选区的羽化值。如果当前路径是开放的路径,则转换的选区将是路径起点与终点连接后形成的封闭区域。Photoshop 也允许把任何选区转换为路径,在转换时,将消除选区上应用的所有羽化效果。

(1) 要把路径转换为选区,可以使用以下两种方法来进行操作。

- 在【路径】面板中选择路径后,单击【路径】面板底部的【将路径作为选区载入】按钮,或者按住 Ctrl 键单击【路径】面板的路径缩览图,可以将路径转换为选区。
- 在【路径】面板中选择路径后,按住 Alt 键单击【路径】面板底部的【将路径作为选区载入】按钮,或者执行【路径】面板快捷菜单中的【建立选区】命令,可打开【建立选区】对话框,设置好参数后单击【确定】按钮,也可以将路径转换为选区。

(2) 要把选区转换为路径,可以使用以下两种方法来进行操作。

- 创建选区后,单击【路径】面板底部的【从选区生成工作路径】按钮,可以使用默认的容差设置将选区转换为路径。
- 创建选区后,按住 Alt 键单击【路径】面板底部的【从选区生成工作路径】按钮,或者执行【路径】面板快捷菜单中的【建立工作路径】命令,可以打开【建立工作路径】对话框。在该对话框中设置【容差】选项值的范围在 0.5～10 像素,容差值越高,用于绘制路径的锚点越少,路径越平滑。设置好【容差】选项值后,单击【确定】按钮,可以按照指定的方式将选区转换为路径。

6.3.3 案例操作

【案例 6-12】 通过路径组合制作 Logo。

step 01 执行【文件】→【新建】命令,新建一个大小为 400 像素×400 像素、颜色模式为 RGB、背景内容为白色、分辨率为 72 像素/英寸的文件。

step 02 选择工具箱中的椭圆工具 ,在属性栏中设置工具模式为"形状",在画布上绘制一个椭圆,如图 6-80 所示。

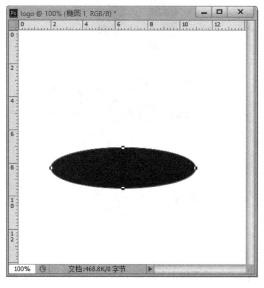

图 6-80 绘制椭圆

181

step 03 选择工具箱中的矩形工具 ，在属性栏中设置工具模式为"形状"，路径操作设置为"排除重叠形状"，在椭圆上方绘制矩形，如图 6-81 所示。选中矩形并从右击快捷菜单中执行【自由变换】命令。再右击并执行【扭曲】命令，调整矩形形状，并复制一个放置到适当位置，如图 6-82 所示。

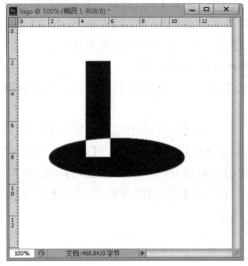

图 6-81　绘制矩形　　　　　　　　　　图 6-82　扭曲复制的矩形

step 04 调整填充颜色为♯7e0043，最后效果如图 6-83 所示。

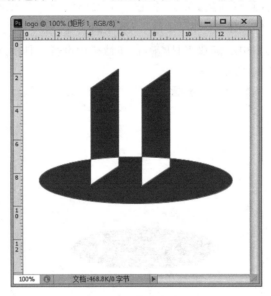

图 6-83　填充颜色

【案例 6-13】　制作可爱的卡通兔子。

step 01 执行【文件】→【新建】命令，新建一个大小为 400 像素×500 像素、颜色模式为 RGB、背景内容为白色、分辨率为 72 像素/英寸的文件。

step 02 使用钢笔工具绘制兔子的轮廓,效果如图 6-84 所示。选择直接选择工具,在兔子的路径上单击选择整个路径。执行【复制】、【粘贴】命令,复制出一条轮廓。再按 Ctrl＋T 组合键做自由变换,按住 Alt＋Shift 组合键进行图形的放大,作为兔子的外轮廓,效果如图 6-85 所示。

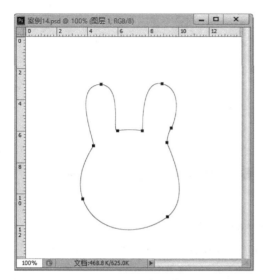

图 6-84　绘制轮廓　　　　　　　　图 6-85　复制轮廓

step 03 选择直接选择工具,对外轮廓的点进行调整,调整后的效果如图 6-86 所示。

图 6-86　调整外轮廓

step 04 打开【路径】面板,从右键菜单中执行【建立选区】命令,将路径转化为选区,如图 6-87 所示。新建一个新图层并命名为"轮廓",填充颜色,再取消选区,这样就做出了兔子的轮廓,如图 6-88 所示。

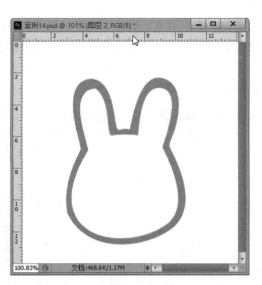

图 6-87　建立选区　　　　　　　　　图 6-88　为轮廓填充颜色

step 05 选择钢笔工具并绘制路径作为兔子的内耳,如图 6-89 所示。复制出另一个内耳,选择变形工具的"水平翻转"功能,得到兔子的两个内耳,效果如图 6-90 所示。

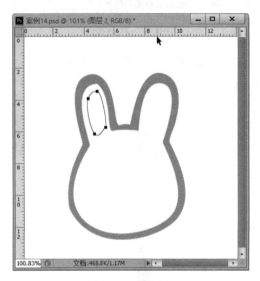

图 6-89　绘制内耳　　　　　　　　　图 6-90　复制内耳

step 06 把内耳路径转换为选区。新建一个图层并命名为"兔耳",给选区填充颜色,填充后的效果如图 6-91 所示。

step 07 接下来绘制眼睛。选择椭圆工具,在画面中绘制一个椭圆形状,然后用钢笔工具绘制睫毛,效果如图 6-92 所示。继续用椭圆工具绘制眼睛上的高光,效果如图 6-93 所示。

step 08 用钢笔工具绘制兔子的嘴巴和尾巴,如图 6-94 所示。将嘴巴和尾巴的路径转化为选区,填充颜色,最后的效果如图 6-95 所示。

184

图 6-91　为内耳填充颜色

图 6-92　绘制眼睛和睫毛

图 6-93　绘制眼睛上的高光

图 6-94　绘制嘴巴和尾巴

图 6-95　填充颜色

185

本 章 小 结

本章主要介绍了 Photoshop 的路径工具和形状工具,并通过案例讲解了路径与选区的相互转换、描边与填充路径、用路径进行布尔运算、形状图层的编辑等内容。

思考与练习

1. 填空题

(1) 路径本身不包含像素,但可以通过对路径的_____在图像中按照路径的轮廓添加像素。

(2) 使用形状工具可创建 3 种对象,分别是_____、_____和_____。

(3) 按住_____键的同时,利用路径选择工具单击形状并拖动,可复制形状。若要删除形状,可在选中形状后按_____键。

(4) 在 Photoshop 中,锚点的类型可分为 3 类,分别为_____、_____和_____。

2. 单项选择题

(1) 用来绘制直线路径的工具主要是(   )。
    A. 钢笔工具   B. 自由钢笔工具
    C. 路径选择工具   D. 直接选择工具

(2) 将平滑点转换为角点时,(   )是正确的。
    A. 使用转换点工具单击需要转换的平滑点即可
    B. 使用直接选择工具并按住 Alt 键拖动控制柄进行转换
    C. 使用转换点工具拖动控制柄进行转换
    D. 使用路径选择工具并按住 Alt 键拖动控制柄进行转换

(3) 绘制物体边缘路径时,对所选物体边缘与背景之间的对比度有要求的路径绘制工具是(   )。
    A. 钢笔工具   B. 自由钢笔工具
    C. 磁性钢笔工具   D. 形状工具

(4) 选择磁性钢笔工具时,只需在(   )工具的属性栏中选择【磁性的】选项。
    A. 钢笔   B. 自由钢笔
    C. 增加锚点   D. 删除锚点

<h1 style="text-align:center">实 训 案 例</h1>

【**案例 6-14**】　制作发光边框的心形。

【**实训目的**】

（1）掌握用钢笔工具绘制路径的技巧。

（2）掌握路径描边的操作方法。

（3）巧用路径描边技巧。

【**实训内容**】

本案例主要结合文件操作命令、钢笔工具、路径描边、画笔设置等方法来完成制作。

step 01 新建一个大小为 400 像素×400 像素、颜色模式为 RGB 的文件。

step 02 利用钢笔工具绘制心形，具体绘制方法参考钢笔工具的使用方法，如图 6-96 所示。

step 03 选中画笔工具，在工具属性栏设置画笔的【大小】和【硬度】，如图 6-97 所示。然后设置前景色为♯5c020f。

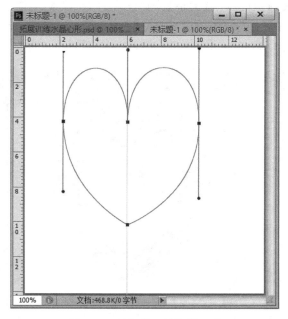

图 6-96　用钢笔工具绘制心形

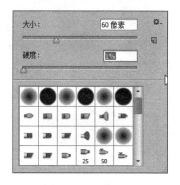

图 6-97　画笔工具

step 04 打开【路径】面板，选择当前路径，执行【画笔描边】命令，如图 6-98 所示，描边后的效果如图 6-99 所示。

step 05 画笔【大小】设置为 30 像素，前景色设置为♯a71025，再次用画笔描边，效果如图 6-100 所示。

图 6-98　描边路径

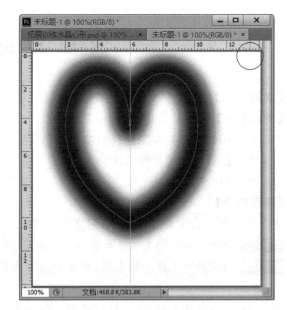

图 6-99　描边后的效果

step 06 再执行 3 次描边命令，3 次描边的画笔【大小】分别设置为 15 像素、7 像素、3 像素，前景色分别设置为＃d05c19、＃f5db32、＃ffffff。当画笔【大小】为 3 像素时，画笔【硬度】调整为 100％，最后效果如图 6-101 所示。

图 6-100　用画笔描边

图 6-101　再次进行画笔描边

step 07 执行【图像】→【调整】→【色相/饱和度】命令可以调整并得出不同颜色效果的心形，如图 6-102 所示。

【**案例 6-15**】　制作水晶心形。

【**实训目的**】

（1）掌握钢笔工具绘制路径的技巧。

（2）掌握【路径转换为选区】的操作方法。

（3）掌握路径的组合操作。

【**实训内容**】

本案例主要结合文件操作命令、钢笔工具，以及【路径转化为选区】、【路径组合】、【路径复制】、【路径自由变换】等命令来完成制作。

step 01 新建一个大小为 400 像素×400 像素、颜色模式为 RGB 的文件。

step 02 利用钢笔工具绘制心形，具体绘制方法参考钢笔工具的使用方法，如图 6-103 所示。

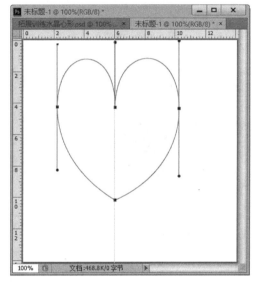

图 6-102　【色相/饱和度】的调整　　　　　　图 6-103　绘制心形

step 03 选择工具箱中的渐变工具，在属性栏设置渐变颜色，左色标值为♯c9e1f6，右色标值为♯11559c。渐变方式设置为"径向渐变"，如图 6-104 所示。

step 04 打开【路径】面板，选择当前路径，从右键快捷菜单中执行【建立选区】命令，弹出【建立选区】对话框，参数为默认值即可，确认当前路径已经转化为选区，如图 6-105 所示。

step 05 在【图层】面板中新建一个图层"图层 1"。选择工具箱中的渐变工具，由下至上拖动鼠标做渐变填充，效果如图 6-106 所示。

再按住 Ctrl＋D 组合键取消选区，打开【路径】面板，选择"工作路径"，按住 Alt 键拖动路径来复制出一条相同的路径，如图 6-107 所示。

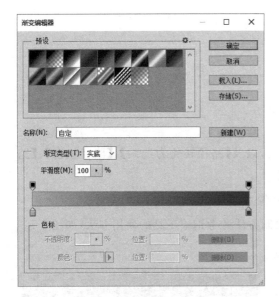

图 6-104　渐变工具

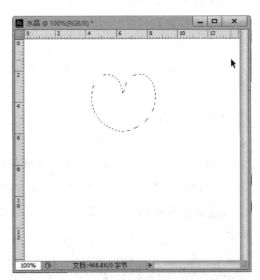

图 6-105　建立选区

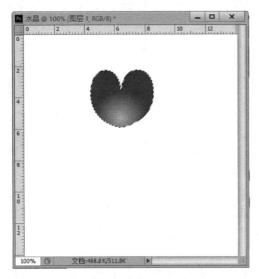

图 6-106　渐变填充

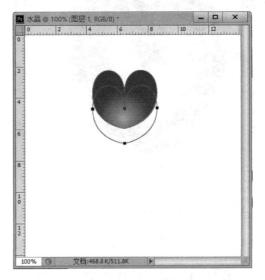

图 6-107　复制路径

step 06 选择第一条心形路径，在属性栏将路径操作设置为"合并形状"，如图 6-108 所示。第二条心形路径的路径操作设置为"减去顶层形状"，如图 6-109 所示。然后同时选中两条路径，在属性栏中设置路径操作方式为"合并形状组件"，如图 6-110 所示。合并后的路径如图 6-111 所示。

step 07 选中路径，将其转换为选区。执行【选择】→【修改】→【收缩】命令，如图 6-112 所示，弹出【收缩选取】对话框，设置【收缩量】为 2 像素，如图 6-113 所示，收缩后的效果如图 6-114 所示。

图 6-108 合并形状

图 6-109 减去顶层形状

图 6-110 合并形状组件

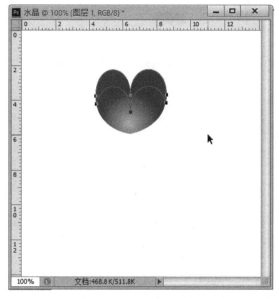

图 6-111 合并后路径的形状

图 6-112 【收缩】命令

图 6-113 【收缩选区】对话框

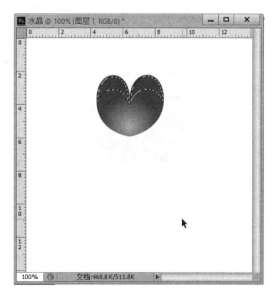

图 6-114 收缩后的效果

step 08 选择渐变工具，在属性栏中设置渐变颜色为从♯e6f0f9 到♯3579bf，渐变方式设置为"线性渐变"，从上至下拖动鼠标进行颜色的填充，最后效果如图 6-115 所示。

step 09 选中制作完成的心形，选择自由变换工具，调整图形的中心点到合适位置，再将形状旋转－90°，如图 6-116 所示。

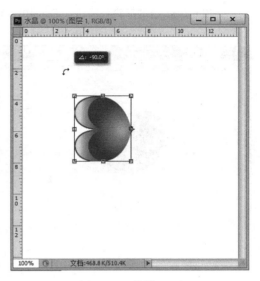

图 6-115　填充渐变颜色后的效果　　　　　　　图 6-116　旋转－90°

step 10 按 Enter 键确认变形，通过按住 Ctrl＋Shift＋Alt 组合键，按 3 次 T 键做阵列复制操作，实现的效果如图 6-117 所示，最后的【图层】面板如图 6-118 所示。

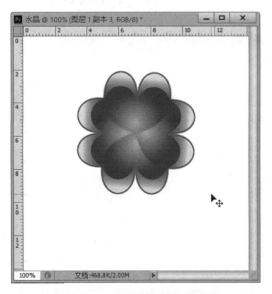

图 6-117　3 次阵列复制后的效果　　　　　　　图 6-118　【图层】面板

step 11 通过调整各个图层的【色相/饱和度】,可以得出效果绚丽的图案,如图 6-119 所示。

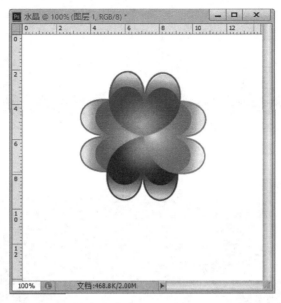

图 6-119　最终效果

拓　展　练　习

拓展 1　制作一个只"飞翔的鹰"。

【实训知识点要求】　使用磁性钢笔工具沿着老鹰绘制路径,使用【将路径转换为选区】命令将用钢笔工具绘制出的路径转化为选区,从而实现抠图效果,通过选区的操作再得出最后的效果。素材和最终效果如图 6-120～图 6-122 所示。

图 6-120　鹰.jpg

图 6-121 风景.jpg

图 6-122 图像合成的最终效果

扩展 2 制作标志。

【实训知识点要求】 结合形状工具、路径组合、填充路径、路径选择工具制作一个标志，见图 6-123。

图 6-123 最终完成的标志

194

第7章 文　本

本章导读

　　一个完整的作品往往缺少不了文字的表达，Photoshop 提供了创作简单而形式丰富的文字工具。通过本章内容的学习，学生应熟练运用文字工具在图像上快速创建文字，或创建文字选区，从而进一步创建更多样的文字形式。

知识目标

　　➢ 文字工具的使用方法。
　　➢ 路径文字的制作方法。

能力目标

　　➢ 熟练运用文字工具创建文字或文字选区。
　　➢ 熟练在路径上创建文字。

7.1　文字工具与文字蒙版

　　在 Photoshop CS6 中，文字以两种方式创建：文字图层和文字蒙版。每种方式又分成了横排和直排两种排版方式，文字工具组如图 7-1 所示。

7.1.1　文字工具

当选中文字工具,用鼠标在工作区单击后,就进入了文字输入模式,此时 Photoshop 会在当前图层的上一图层中创建一个新的图层,该图层为文字图层,图层缩略图以大写字母 T 来表示,如图 7-2 所示。

图 7-1　文字工具　　　　　　　图 7-2　文字图层

结合属性栏的选项,就可以在该文字图层上输入相应格式的文字。文字工具属性栏的选项如图 7-3 所示。

图 7-3　文字工具属性栏

- 字体:为未输入的文字设置字体。
- 字体样式:为设置好字体的文字设置字体样式,只有部分的字体可以设置字体样式。
- 字体大小:以点数为单位设置字体大小。
- 消除锯齿的方法:消除文字边缘的锯齿显示现象,有"锐利""犀利""浑厚""平滑"和"无"共 5 种方式。
- 对齐方式:分为左、中、右 3 种对齐方式。
- 设置文本颜色:可设置文字的颜色,默认以前景色输入。
- 文字变形:以特殊的形状设置文字的外形。
- 【字符】和【段落】面板:可以打开【字符】和【段落】面板进行详细的文字格式设置。

【案例 7-1】　本案例主要练习文字的输入。

step 01 执行【文件】→【打开】命令,打开"素材\chapter07\素材 1.psd"文件。

step 02 将前景色设置为白色,在工具箱中选择文字工具组中的横排文字工具,选择合适的字体和大小,对应参考线输入相应的文字,如图 7-4 所示。

图 7-4　输入文字后的最终效果

196

　　当使用文字工具输入文字并形成文字图层后,文字图层中的内容无法进行类似调整工具下的很多操作。如果想对这些文字进行以上变换,可把文字图层栅格化,再在文字处右击来选择栅格化的文字。

7.1.2　文字蒙版

　　文字工具除了可以直接输入文字外,还可以以选取的方式创建文字选区,然后再进行进一步的编辑或填充。

　　【案例 7-2】　本案例主要以蒙版的方式创建文字。

　　step 01 执行【文件】→【打开】命令,打开"素材\chapter07\素材 2.jpg"文件。

　　step 02 新建一个图层,将图层【混合模式】设置为"滤色",选择横排文字蒙版工具,在新建图层上输入文字 Rainbow,如图 7-5 所示。

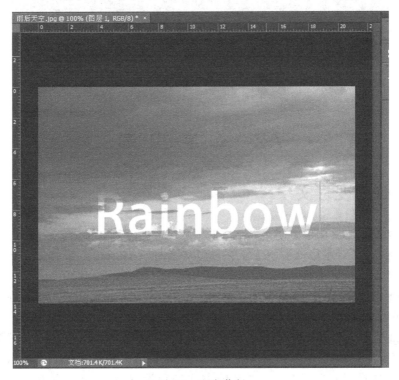

图 7-5　文字蒙版

　　step 03 提交当前编辑效果,得到文字选区。

　　step 04 选择渐变工具,选择【透明彩虹】渐变方式,从上到下填入渐变,如图 7-6所示。

197

图 7-6　透明彩虹渐变方式

7.2　文　字　变　形

7.2.1　创建变形文字

【案例 7-3】　本案例主要使用文字变形工具变形已经创建的文字。

step 01 执行【文件】→【打开】命令,打开"素材＼chapter07＼素材 3.jpg"和"素材＼chapter07＼素材 4.jpg"文件。

step 02 把放大镜的图片复制到素材 3 中,调整大小并放到刊号文字所在的位置,利用蒙版去掉背景,如图 7-7 所示。

step 03 选择刊号 NO 20 图层的文字,单击【创建文字变形】按钮 ,【样式】选项中选择"鱼眼",【弯曲】选项设为＋55％,【垂直扭曲】选项设为＋25％,如图 7-8 所示。

step 04 选择"周刊"两字,以同样的方式进行设置,得到放大镜的效果,如图 7-9 所示。

7.2.2　创建路径变形文字

在 Photoshop CS6 中,创建的文字可以跟随已经创建的路径形状出现。

图 7-7 粘贴新图层

图 7-8 【变形文字】对话框

【案例 7-4】 本案例主要使用路径创建文字。

step 01 执行【文件】→【打开】命令,打开"素材\chapter07\素材 5.jpg"文件。

step 02 使用椭圆选框工具,在"路径"工具模式下创建一个和地球大小相同的圆形路径,将路径位置匹配到地球上。

step 03 选择文字工具,字体颜色设置为白色,将鼠标指针靠近路径,当光标上出现一个曲线的路径标志时,单击鼠标输入文字,此时,文字将沿着路径方向输入,如图 7-10 所示。

图 7-9 加入放大镜的最终效果

图 7-10 使用路径创建文字的最终效果

操作技巧

文字沿路径创建之后，如果要调整其在路径上的位置和方向，可选择直接选择工具在路径上拖曳调整。

本 章 小 结

通过本章的学习，应该能熟练掌握使用文字工具创建文字或文字选区的方法，并且能够使用文字变形的方法修改文字的外形。

思考与练习

1. 填空题

(1) 文字工具主要包括_____、_____、_____和_____ 4 个工具。

(2) 利用【_____】面板，可以设置文字的字体、字号、间距等参数。

(3) 可以将文字图层进行_____来将文字转化为图像。

(4) 默认状态下，文字的颜色与_____相同。

2. 单项选择题

(1) 文字蒙版主要用于创建(   )。
    A. 选区   B. 剪贴蒙版   C. 图层   D. 路径
(2) 文字工具分为横排文字工具和(   )工具。
    A. 斜排文字   B. 反向文字
    C. 直排文字   D. 平铺文字
(3) 在文字工具属性栏的对齐方式中没有(   )。
    A. 左对齐   B. 右对齐   C. 居中对齐   D. 分散对齐

3. 问答题

(1) 文字图层有哪些操作是被禁止的？
(2) 文字图层缩放时和普通图层有何不同？

实 训 案 例

【案例 7-5】 制作宣传海报。
【实训目的】
(1) 掌握文字工具的使用方法。

（2）掌握文字在图像中的布局。

（3）掌握文字图层样式的添加方法。

【实训内容】

本案例主要使用文字工具并结合图层的先后叠放次序，应用图层样式来制作宣传海报。

step 01 执行【文件】→【打开】命令，打开"素材\chapter07\素材 6.jpg"文件。

step 02 按照图 7-11 的布局输入相应的文字。

step 03 执行【文件】→【打开】命令，打开"素材\chapter07\素材 7.jpg"文件，将背景去掉并复制到素材 6 的文件中，如图 7-12 所示。

图 7-11　背景文字　　　　　　　　　　　　　　　图 7-12　背景图案

step 04 一次性创建文字图层并显示 LOVE，每个图层包括一个字母，再分别设置阴影，如图 7-13 所示。

step 05 复制花束部分叶片并排好顺序，复制背景玫瑰花花瓣并加入图中，如图 7-14 所示。

图 7-13　主题文字　　　　　　　　　　　　　　　图 7-14　复制花瓣后的最终效果

拓 展 练 习

拓展 1　仿制杂志封面。

【实训知识点要求】　使用文字工具制作一个特定主题的杂志封面，可参考图 7-15 和图 7-16。

图 7-15　《生活》杂志

图 7-16　杂志封面

拓展 2　文字跟随路径。

【实训知识点要求】　使用文字跟随路径创建文字，将文字转化为普通图层后再进一步修饰，素材与最终效果如图 7-17 和图 7-18 所示。

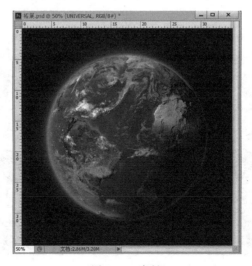

图 7-17　素材

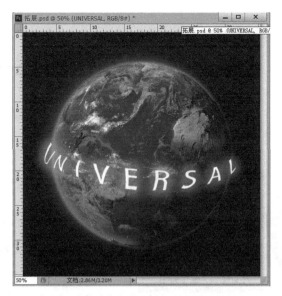

图 7-18 文字跟随路径的最终效果

第8章 千变万化的滤镜

本章导读

Photoshop CS6 拥有丰富的滤镜,包括内置滤镜和外挂滤镜。选择合适的滤镜对图像进行处理,可以产生许多令人惊叹的神奇效果。滤镜是处理图像时的得力助手。在本章中,我们将学习这些内置滤镜的使用方法和外挂滤镜的安装及用法。

知识目标

- ➤ 滤镜的使用规则和技巧。
- ➤ 外挂滤镜的安装。
- ➤ 滤镜库的使用方法。
- ➤ 特殊滤镜的操作技巧。
- ➤ 常用滤镜组的操作技巧。

能力目标

- ➤ 熟练掌握滤镜使用的规则和技巧。
- ➤ 学会安装外挂滤镜。
- ➤ 熟练运用滤镜库处理图像。
- ➤ 熟练运用【自适应广角】、【镜头矫正】滤镜命令处理照片。
- ➤ 熟练运用【液化】、【油画】、【消失点】滤镜命令处理图像。
- ➤ 熟练运用系统内置滤镜处理图像。

8.1　滤镜概述

在 Photoshop CS6 中,系统提供了大量丰富、种类繁多的系统滤镜,使用起来方便快捷,可以快速制作出许多特殊的图像效果,同时也可以根据需要安装外挂滤镜,制作出千变万化的特殊效果。

8.1.1　滤镜的使用规则和技巧

滤镜功能非常强大,使用起来千变万化,要熟练地使用滤镜制作出各种效果,需要掌握以下几个规则和技巧。

- 只对当前图层的选区或通道有效果。如果没有选区,则对该图层的整个图像有效果。
- 对局部图像使用滤镜进行处理时,为减少突兀的感觉,应事先做选区并设定羽化效果,使应用滤镜后处理区域与其他区域能够融合。
- 对图像可以多次使用滤镜,应用滤镜的顺序不同,效果也会不同。
- 执行完一个滤镜命令后,按 Ctrl+F 组合键,可重复上次执行的滤镜命令。按 Alt+Ctrl+F 组合键,可打开上次执行滤镜命令的对话框。
- 执行完一个滤镜命令后,按 Shift+Ctrl+F 组合键,或执行【编辑】→【渐隐滤镜名称】命令,可打开【渐隐】对话框,调整对话框中的【不透明度】和【模式】选项,可将执行滤镜后的图像与其余部分图像进行混合效果的设置。
- 在任意滤镜对话框中按 Alt 键,对话框中的【取消】按钮变成【复位】,单击可以将滤镜设置恢复到刚打开时的状态。

> **注　意**
>
> 在位图和索引颜色的色彩模式下,不能使用滤镜。
> 不同色彩模式使用滤镜的效果也不同,在 CMYK 模式和 Lab 模式下,不能使用视频、消失点、画笔描边、素描、纹理和油画等滤镜。

8.1.2　外挂滤镜的安装

在 Photoshop CS6 中,系统提供了丰富的内置滤镜。此外,用户可以根据需要为 Photoshop 添加外挂滤镜,这是对 Photoshop CS6 滤镜功能的扩展和延续,合理地使用滤镜,可以起到事半功倍的效果,既增加了作品的艺术性,又大大地节约了创作时间。外挂滤镜的安装步骤如下。

step 01 到相应网站下载需要的外挂滤镜。

．．．．．．

step 02 找到安装 Photoshop CS6 的位置，一般默认安装在"C：\Program Files\ Adobe\Adobe Photoshop CS6"目录中。

step 03 在安装文件夹中找到"C：\Program Files\Adobe\Adobe Photoshop CS6\ Required\Plug-Ins"。

step 04 将下载的滤镜文件粘贴在上面的文件夹内。

step 05 重新启动 Photoshop CS6，打开【滤镜】菜单，即可看见安装的外挂滤镜了。

注 意

有些外挂滤镜有自身的安装程序和安装说明，可以运行安装程序或按照安装说明操作。

8.2 滤镜库的使用方法

使用滤镜库不但可以预览常用滤镜的效果，还可以对一幅图像应用多个滤镜，可以打开或关闭滤镜效果，复位滤镜的设置参数以及更改应用滤镜的顺序等。

【案例 8-1】 本案例主要使用滤镜库对图案进行马赛克拼贴处理。

step 01 执行【文件】→【打开】命令，打开"素材\chapter08\素材 1.jpg"文件。

step 02 执行【滤镜】→【滤镜库】命令，打开【滤镜库】对话框，如图 8-1 所示。

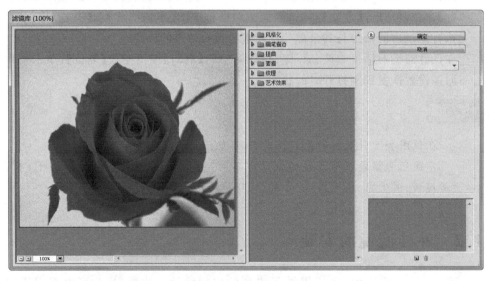

图 8-1 【滤镜库】对话框

step 03 在【滤镜库】对话框中，单击【纹理】滤镜组，选择【马赛克拼贴】滤镜，在打开的对话框中设置参数，效果如图 8-2 所示。

step 04 单击对话框右下方的【新建效果图层】按钮 ，添加与刚才相同的滤镜层，单

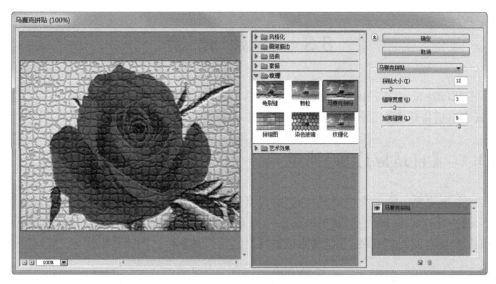

图 8-2　【马赛克拼贴】滤镜的效果

击【艺术效果】滤镜组，选择【木刻】滤镜，新添加的滤镜层由"马赛克拼贴"变成"木刻"，效果如图 8-3 所示，单击【确定】按钮，保存滤镜的效果。

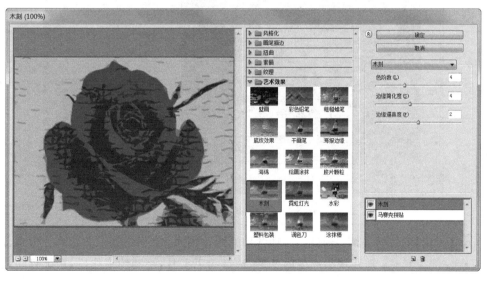

图 8-3　【木刻】滤镜的效果

step 05 执行【文件】→【存储为】命令，将文件保存为"8-1_end.psd"。

提　示

　　单击【滤镜库】对话框右下方的【删除效果图层】按钮 🗑，可以删除当前滤镜的图层。

207

8.3 特殊滤镜

在 Photoshop CS6 中,特殊滤镜包括自适应广角、镜头矫正、液化、油画、消失点等滤镜,其中自适应广角和油画是 Photoshop CS6 中新增的滤镜。

8.3.1 【自适应广角】滤镜

摄影师使用广角镜头拍摄照片时,都会有镜头畸变的情况,让照片边角位置出现弯曲变形。【自适应广角】滤镜可以用来校正广角镜头的畸变,同时也可以找回由于拍摄时相机倾斜或仰俯丢失的平面。执行【滤镜】→【自适应广角】命令,打开【自适应广角】对话框,如图 8-4 所示。

图 8-4 【自适应广角】对话框

- 【矫正】下拉列表框:预设了 4 种常用的矫正模式:鱼眼、透视、自动和完整球面。
- 左侧工具栏:矫正镜头产生的变形,选择约束工具,绘制约束线段,系统自动进行修复。

注 意

> 经过校正的图片四周会出现大片空白,因此下一步要从中剪裁出画面,这会损失一部分画面。而原始画面中的曲线越多,校正的程度越大,损失的边界画面就越多。所以在前期拍摄时就要考虑到会进行后期校正,可以适当增加取景的范围,为后期留出余地。

8.3.2　【镜头矫正】滤镜

Photoshop CS6 中的【镜头校正】滤镜根据各种相机与镜头的测量自动校正，可以轻易消除桶状和枕状变形、相片周边的暗角，以及造成边缘出现彩色光晕的色相差。执行【滤镜】→【镜头矫正】命令，打开【镜头矫正】对话框，如图 8-5 所示。

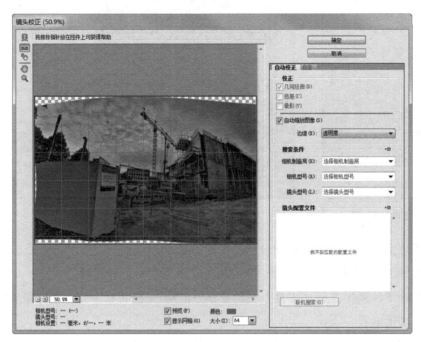

图 8-5　【镜头矫正】对话框

- 【自动矫正】选项卡：在【搜索条件】选项内可以选择设置相机的品牌、型号和镜头型号。
- 【自定】选项卡：可以设置几何扭曲、垂直透视角度、水平透视角度等选项，并修改图像的拍摄角度，如图 8-6 所示。
- 左侧工具栏：可以手动矫正图像失真和拍摄的角度。

8.3.3　【液化】滤镜

【液化】滤镜命令可以使图像内容像液体流动一样产生扭曲变形的效果，执行【滤镜】→【液化】命令，打开【液化】对话框，如图 8-7 所示，选中【高级模式】复选框，使用左侧相应的工具，可以推、拉、旋转、反射、折叠和膨胀图像的任意区域，从而使图像画面产生特殊的艺术效果。

- 向前变形工具 ：选择该工具后并在预览框中拖动，可以将经过的像素向拖动方向偏移，偏移量与画笔大小、密度、压力和速率有关。

图 8-6 【自定】选项卡　　　　　　　图 8-7 【液化】对话框

- 重建工具：将变形的图像恢复为原始状态。
- 褶皱工具和膨胀工具：分别用来收缩像素和扩展像素。
- 左推工具：选择该工具并在预览框中拖动，系统将在垂直于光标移动的方向上移动像素。
- 冻结蒙版工具：用于保护图像中的某些区域，以免这些区域被编辑。默认被冻结区域会以半透明红色显示。
- 解冻蒙版工具：用于解冻被冻结的蒙版区域。
- 【工具选项】设置区：设置左侧各工具的参数，如画笔大小、画笔密度、画笔压力和画笔速率。
- 【重建选项】设置区：误操作时，在此处选择【恢复】模式，单击【重建】按钮可逐步恢复图像；单击【恢复全部】按钮可一次性恢复全部图像。该选项与重建工具的功能一样。
- 【蒙版选项】设置区：用于取消反向冻结区域或冻结区域图像。
- 【视图选项】设置区：对视图的显示方式进行控制。

 注　意

　　【液化】滤镜命令在"索引颜色""位图"和"多通道"模式中不可用。

8.3.4　【油画】滤镜

使用 Photoshop CS6 中的【油画】滤镜命令,再使用 Mercury 图形引擎作为支持,能快速使作品呈现为油画效果,还可以控制画笔的样式以及光线的方向和亮度,以产生出色的效果。执行【滤镜】→【油画】命令,打开【油画】对话框,如图 8-8 所示。

图 8-8　【油画】对话框

8.3.5　【消失点】滤镜

使用 Photoshop CS6 中的【消失点】滤镜命令,可以在包含透视平面(例如,建筑物侧面或任何矩形对象)的图像中进行透视的校正及编辑。通过使用【消失点】滤镜,在图像中指定平面,然后应用诸如绘画、仿制、复制或粘贴以及变换等编辑操作,这些操作让系统自动以立体方式进行透视处理。当用户使用【消失点】滤镜来修饰、添加或移去图像中的内容时,系统可正确确定这些编辑操作的方向,并且将它们缩放到透视平面,处理结果将更加逼真。执行【滤镜】→【消失点】命令,打开【消失点】对话框,如图 8-9 所示。

- 创建平面工具 ：在平面内创建网格,即透视平面。
- 编辑平面工具 ：选择、移动网格或调整网格的大小。鼠标放置在网格边缘小方块(中间控制点)处时,按住 Ctrl 键并拖动鼠标可创建垂直平面,按住 Alt 键并拖动鼠标可旋转此平面与其主平面之间的连接。
- 选框工具 ：在网格中创建选区,按住 Alt 键并拖动选区,可将该区域复制到新目标中。按住 Ctrl 键并拖动选区,可用目标区图像填充该选区。该工具有 3 种【修复】模式,"关"表示选区内容移动后不与周围像素的颜色、光照和阴影混合;"明亮度"表示选区内容移动后并将描边与周围像素的光照混合,同时保留样本像素的颜色;"开"表示选区内容移动后并保留样本图像的纹理,同时与周围像素的

图 8-9 【消失点】对话框

颜色、光照和阴影混合。

- 图章工具 ![章]: 按住 Alt 键并单击, 可以设置仿制源点, 拖动鼠标则可以复制源点图像。该工具有 3 种【修复】模式,"关"表示绘画不与周围像素的颜色、光照和阴影混合;"明亮度"表示绘画并将描边与周围像素的光照混合, 同时保留样本像素的颜色;"开"表示要绘画并保留样本图像的纹理, 同时与周围像素的颜色、光照和阴影混合。
- 其他工具: 如抓手、缩放等工具的用法与工具箱中的同类工具相似。

> **提 示**
>
> 使用创建平面工具 ![工具] 创建的透视网格为蓝色, 表示网格的透视角度正确; 如果网络为红色或黄色, 表示网格的透视角度错误, 要调整网格焦点的位置, 直到网格颜色变成蓝色。

8.3.6 案例操作

【案例 8-2】 本案例主要使用【自适应广角】滤镜和【镜头矫正】滤镜修复变形的照片。

step 01 执行【文件】→【打开】命令, 打开"素材\chapter08\素材 2.jpg"文件。

step 02 执行【滤镜】→【自适应广角】命令, 打开【自适应广角】对话框。选择约束工具 ![工具], 在预览框中建筑物变形的起始位置单击, 移动鼠标指针到变形的终点单击, 创建约束线, 约束线会自动沿着变形曲面计算广角的变形, 从而修改变形为一条直线, 如图 8-10 所示。

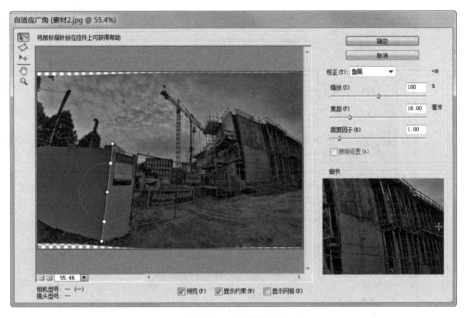

图 8-10　创建约束

step 03 通过同样的方法设置多条约束线，对变形位置进行校正，效果如图 8-11 所示。经过【自适应广角】滤镜后，建筑物变形已修复，但拍摄角度仍有畸变，建筑物与地面不垂直。

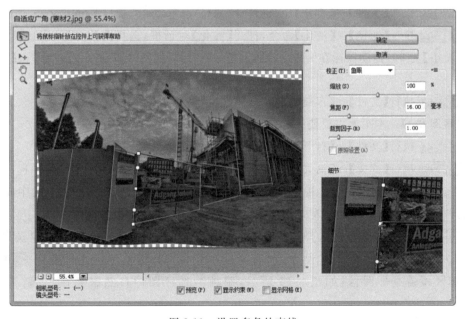

图 8-11　设置多条约束线

step 04 执行【滤镜】→【镜头矫正】命令，打开【镜头矫正】对话框。在【自定】选项卡中，设置【垂直透视】为−46，使建筑物与地面垂直，如图 8-12 所示，然后单击【确定】按钮。

213

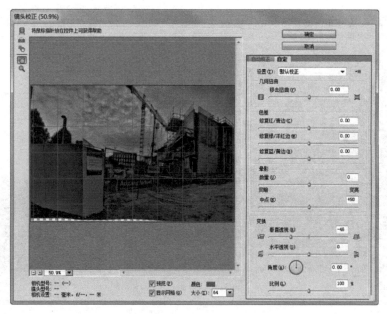

图 8-12 【镜头矫正】的设置

step 05 选择工具箱中的裁切工具 ，裁切边角的透明部分。执行【文件】→【存储为】命令，将文件保存为"8-2_end. psd"。

【案例 8-3】 本案例主要使用【液化】滤镜为画面中的人物烫发。

step 01 执行【文件】→【打开】命令，打开"素材\chapter08\素材 3.jpg"文件。

step 02 执行【滤镜】→【液化】命令，打开【液化】对话框，选择向前变形工具 ，设置【画笔大小】为 30，拖动鼠标在头发上涂抹，使头发弯曲，如图 8-13 所示，最后单击【确定】按钮。

step 03 执行【文件】→【存储为】命令，将文件保存为"8-3_end. psd"。

【案例 8-4】 本案例主要使用【消失点】滤镜清除图像中的杂物。

step 01 执行【文件】→【打开】命令，打开"素材\chapter08\素材 4.jpg"文件。

step 02 执行【滤镜】→【消失点】命令，打开【消失点】对话框。在左侧工具中选择创建平面工具 ，在图像上创建透视网格。选择编辑平面工具 ，拖动网格边上的中间件控制点，调整网格的大小使之能覆盖图像中的茶杯和书本，如图 8-14 所示。

step 03 在左侧工具中选择选框工具 ，在平面网格中茶杯的右侧创建选区，如图 8-15 所示。将【修复】模式设置为"明亮度"，按住 Alt 键使鼠标光标变成 形状，拖动选区覆盖茶杯图像，如图 8-16 所示，茶杯与选区图像自然融合在一起，再取消选区。

step 04 在左侧工具中选择图章工具 ，将【修复】模式设置为"明亮度"，在书本右侧地板上按住 Alt 键并单击来设置仿制源点，在书本上拖动鼠标进行涂抹，将书本覆盖，如图 8-17 所示，最后单击【确定】按钮。

图 8-13　使头发弯曲

图 8-14　制作透视网格

图 8-15　创建选区

图 8-16　移动选区来覆盖茶杯

图 8-17　使用图章工具覆盖书本

step 05 执行【文件】→【存储为】命令，将文件保存为"8-4_end. psd"。

8.4　内置滤镜概览

在 Photoshop CS6 中，内置滤镜包括【风格化】、【模糊】、【扭曲】、【锐化】、【像素化】、【渲染】等多个常用滤镜组，如图 8-18 所示。在本节分别介绍它们的特点，并结合实例制作一些经典的效果。

8.4.1　【风格化】滤镜组

执行【滤镜】→【风格化】命令，弹出【风格化】滤镜组，如图 8-19 所示。【风格化】滤镜组的主要作用是移动选区内图像的像素，提高像素的对比度，产生印象派及其他风格化照

图 8-18　内置滤镜

图 8-19　【风格化】滤镜组

217

片效果。该滤镜组有 8 种滤镜。下面以图像"素材 6.jpg"为例，如图 8-20 所示，分别学习这 8 种滤镜。

图 8-20 素材 6.jpg

1. 查找边缘

【查找边缘】该滤镜主要用来搜索颜色像素对比度变化的剧烈边界，将高反差区域变亮，低反差区域变暗，其他区域介于二者之间，硬边变为线条，而柔边变粗，形成一个厚实的轮廓，该滤镜无对话框，效果如图 8-21 所示。

图 8-21 应用【查找边缘】滤镜

2. 等高线

【等高线】滤镜与【查找边缘】滤镜类似,主要用于查找亮度区域的过渡效果,并用细线勾画,产生与等高线图中的线相似的效果,如图 8-22 所示。在其对话框中可以设置【色阶】和【边缘】选项的属性。

图 8-22　应用【等高线】滤镜

3. 风

【风】滤镜可以在图像中增加一些细小的水平线来模拟风吹效果。【风】滤镜只在水平方向起作用,要产生其他方向的风吹效果,如图 8-23 所示,需要先将图像旋转,然后再使用【风】滤镜。在其对话框中可以设定风的方法和风吹的方向。

图 8-23　应用【风】滤镜

4．浮雕效果

【浮雕效果】滤镜可以通过对勾画图像或所选取区域的轮廓和降低周围的像素色值，使图像生成一种类似浮雕的效果，如图 8-24 所示。【浮雕效果】对话框中选项如下。

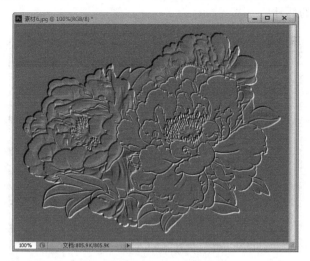

图 8-24　应用【浮雕效果】滤镜

- 角度：控制图像浮雕的投影方向。
- 高度：控制浮雕的高度。
- 数量：可控制滤镜的作用范围。

5．扩散

【扩散】滤镜可以使图像中相邻的像素按规定的方式移动，使图像扩散，形成一种类似于透过磨砂玻璃观察对象时的分离模糊效果，如图 8-25 所示。其对话框中包含 4 种【模式】。

图 8-25　应用【扩散】滤镜

- 正常：表示图像的所有区域都进行扩散处理，与图像的颜色值没有关系。
- 变暗优先：表示用较暗的像素替换亮的像素，暗部像素扩散。
- 变亮优先：表示用较亮的像素替换暗的像素，只有亮部像素产生扩散。
- 各项异性：表示在颜色变化最小的方向上搅乱像素。

6. 拼贴

【拼贴】滤镜可以根据指定的值将图像分为块状，并使其偏离原来的位置，产生不规则瓷砖拼凑成的图像效果，如图 8-26 所示。其有如下选项。

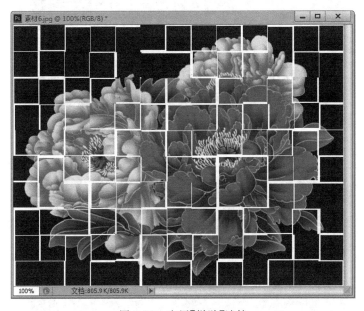

图 8-26　应用【拼贴】滤镜

- 拼贴图：设置图像拼贴块的数量。当拼贴数达到 99 时，整幅图像将被【填充空白区域】选项组中设定的颜色覆盖。
- 最大位移：设置拼贴块的间隙。
- 【填充空白区域使用】选项组：【拼贴】滤镜会在各块之间生成一定的空隙，用户可以在【填充空白区域使用】选项组内选择空隙中使用"背景色""前景颜色""反向图像"和"未改变的图像"填充。

7. 曝光过度

【曝光过度】滤镜可以产生混合图像负片和正片的效果，模拟出摄影中增加光线强度而产生的过度曝光效果，如图 8-27 所示。该滤镜无对话框。

8. 凸出

【凸出】滤镜可以将图像分成一系列大小相同且重叠放置的立方体或锥体，使图像产生特殊的 3D 效果，如图 8-28 所示。【凸出】对话框包括如下选项。

图 8-27　应用【曝光过度】滤镜

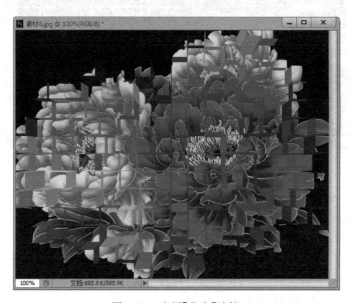

图 8-28　应用【凸出】滤镜

- 类型：用来设置图像凸起的方式。选择【块】，可以创建具有一个方形的正面和 4 个侧面的对象；选择【金字塔】，则创建具有相交于一个点的 4 个三角形侧面的对象。
- 大小：用来设置立方体或金字塔底面的大小，该值越高，生成的立方体和锥体越大。
- 深度：用来设置凸出对象的高度。"随机"表示每个块或金字塔设置一个任意的深度；"基于色阶"则表示使每个对象的深度与其亮度对应，越亮则凸出的越多。

222

- 立方体正面：勾选该选项后，将失去图像的整体轮廓，生成的立方体上只显示单一的颜色。
- 蒙版不完整块：可以隐藏所有延伸出选区的对象。

8.4.2　【模糊】滤镜组

【模糊】滤镜组是一组很常见的滤镜，如图 8-29 所示，其主要作用是削弱相邻像素间的对比度，达到柔化图像的效果，它包括 14 种滤镜。下面以图像"素材 7.jpg"为例，如图 8-30 所示，分别学习这 14 种滤镜。

8-29　【模糊】滤镜组　　　　　　　图 8-30　素材 7.jpg

1. 场景模糊

【场景模糊】该滤镜是 Photoshop CS6 新增的滤镜之一，可以对图片进行焦距调整。【场景模糊】滤镜可以对一幅图片全局或多个局部进行模糊处理，如图 8-31 所示。使用【场景模糊】滤镜时，图像上会出现一个模糊控制点（图钉），同时会打开滤镜参数设置面板，改变面板上【模糊】参数的数值，可以得到相应的模糊效果，数值越大则越模糊。

- 图钉上有圆环，表示为当前图钉。在圆环上拖动鼠标，可以改变模糊效果，相当于改变面板中的【模糊】参数值。
- 当鼠标光标移动到图钉附近变成时，拖动鼠标可以移动图钉，并改变模糊控制点的位置。
- 当鼠标光标变成时，单击可以添加控制点。通过添加不同的控制点（图钉）并设置每个点作用的【模糊】参数可以控制景深的特效，制作有层次的浅景深效果。

提 示

> 要保护部分图像不模糊，应事先制作选区，选择要模糊处理的部分，再对该部分应用模糊滤镜。

2. 光圈模糊

【光圈模糊】滤镜也是 Photoshop CS6 新增的滤镜之一，与【场景模糊】滤镜相比，其使用方法更加简单，通过控制点可以选择模糊位置，然后通过调整范围框控制模糊作用的范围，再利用设置【模糊】选项的数值控制形成景深的程度，如图 8-32 所示。使用【光圈模糊】滤镜时，也可以通过添加多个控制点，分别设置模糊强度、范围、起始位置，可以得到更为精确的景深控制效果。

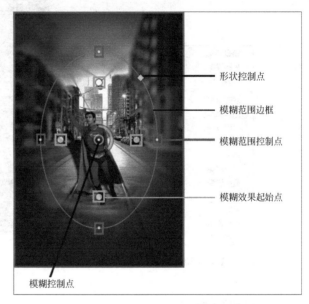

形状控制点
模糊范围边框
模糊范围控制点
模糊效果起始点
模糊控制点

图 8-31　应用【场景模糊】滤镜　　　　　图 8-32　应用【光圈模糊】滤镜

3. 倾斜偏移

【倾斜偏移】滤镜也叫移轴模糊，该滤镜也是 Photoshop CS6 新增的滤镜之一，比较适合俯拍或者镜头有点倾斜的图片使用，可以模拟移轴镜头的虚化效果，如图 8-33 所示，其【属性】面板如图 8-34 所示。

- 模糊：控制图像中移轴模糊两条虚线外的模糊程度，数值越大则越模糊。
- 扭曲度：调整图像中移轴模糊两条虚线外的模糊图像扭曲度，数值越大越扭曲。
- 对称扭曲：选中该选项，调整扭曲度时会两边同时调整，否则只调整一边。

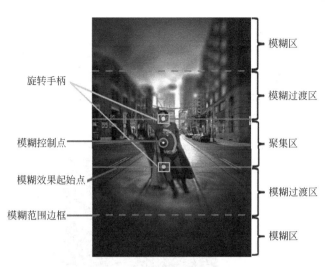

旋转手柄

模糊控制点

模糊效果起始点

模糊范围边框

模糊区

模糊过渡区

聚集区

模糊过渡区

模糊区

图 8-33　应用【倾斜偏移】滤镜

图 8-34　【倾斜偏移】滤镜的【属性】面板

　　【场景模糊】、【光圈模糊】和【倾斜偏移】3 个模糊滤镜共用一个面板,可以很容易地进行切换。设置完【场景模糊】、【光圈模糊】和【倾斜偏移】滤镜参数后,单击面板顶部的【确定】按钮,即可应用相应的模糊滤镜。单击【移去所有图钉】按钮
,可以移除图像上所有的模糊控制点。

在【属性】面板下方有【模糊效果】选项卡。
- 光源散景:控制散景的亮度,也就是图像中高光区域的亮度,数值越大则亮度越高。
- 散景颜色:控制高光区域的颜色,由于是高光,颜色一般都比较淡。
- 光照范围:用色阶来控制高光的范围,数值为 0~255,值越大高光范围越大;反之则高光范围就越小,这个可以自由控制。

4. 表面模糊

　　【表面模糊】滤镜能够在保留边缘的同时模糊图像,可用来创建特殊效果并消除杂色或颗粒,如图 8-35 所示。另外,常用该滤镜为人物照片磨皮,效果非常好。
　　执行【滤镜】→【表面模糊】命令,可打开该滤镜的对话框。
- 半径:以像素为单位,指定模糊取样区域的大小。
- 阈值:以色阶为单位,控制相邻像素色调值与中心像素值相差多大时才能成为模糊的一部分。色调值差小于阈值的像素被排除在模糊之外。

　　【表面模糊】滤镜和后面要讲的【高斯模糊】滤镜都能起到模糊的效果。在面部磨皮时,前者的效果应该会更细致一些,可以保留边缘像素的轮廓。

5．动感模糊

【动感模糊】滤镜可以根据制作效果的需要沿指定方向（－360°～360°）、以指定强度（1～999）模糊图像，产生的效果类似于以固定的曝光时间给一个移动的对象拍照，从而使图像产生一种动态效果，因此在表现对象的速度感时会经常用到该滤镜。在使用【动感模糊】滤镜前，可以对要产生动感效果的图像部分制作选区，如人物的背景等，如图 8-36 所示。

图 8-35　应用【表面模糊】滤镜　　　　　图 8-36　应用【动感模糊】滤镜

执行【滤镜】→【动感模糊】命令，打开该滤镜的对话框。
- 角度：用来设置模糊的方向，可输入角度值，或拖动指针调整角度。
- 距离：用来设置像素移动的距离，距离越大，模糊效果越明显。

6．方框模糊

【方框模糊】滤镜可以基于相邻像素的平均颜色值来模糊图像，生成类似于方块状的特殊模糊效果，如图 8-37 所示，通过【方框模糊】滤镜对话框，设置【半径】参数的值，调整模糊的强度。

7．高斯模糊

【高斯模糊】滤镜是 Photoshop 模糊滤镜中最常用的一种滤镜，它根据高斯钟形曲线来调节像素的色值，控制模糊效果，甚至能造成难以辨认的雾化效果，如图 8-38 所示，通过【高斯模糊】滤镜对话框，设置【半径】参数的值，调整模糊的强度。

8．模糊和进一步模糊

【模糊】滤镜和【进一步模糊】滤镜的用法相似，没有属性设置的对话框，都是对图像进行柔化处理，可以在图像中有显著颜色变化的地方消除杂色。但二者模糊的程度不同，

图 8-37　应用【方框模糊】滤镜

图 8-38　应用【高斯模糊】滤镜

【进一步模糊】滤镜可以理解为强烈的柔化处理,其强度是【模糊】滤镜的 3～4 倍,如图 8-39 所示。

(a)原图　　　　　　　　(b)应用【模糊】滤镜　　　　　(c)应用【进一步模糊】滤镜

图 8-39　应用【模糊】滤镜与【进一步模糊】滤镜

9. 径向模糊

【径向模糊】滤镜能模拟摄影时旋转相机或聚焦、变焦效果,从而可以将图像旋转成从中心辐射。执行【滤镜】→【径向模糊】命令,打开该滤镜的对话框,如图 8-40 所示。

- 数量:控制模糊的效果。当滑块右移,数值变大,模糊效果更明显。

227

- 模拟方法：【旋转】表示模拟了照相机的旋转效果，使图像旋转辐射；【缩放】使图像产生向四周辐射的效果。
- 品质：分为草图、好、最好。

在使用【径向模糊】滤镜前，可以选中制作径向模糊的图像部分，如人物的背景等，再进行模糊处理，【数量】设置为 28，【模糊方法】设置为"缩放"，【品质】设置为"好"，效果如图 8-41 所示。

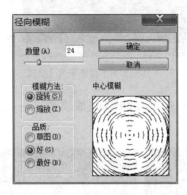

图 8-40 【径向模糊】对话框　　　　　　　图 8-41 应用【径向模糊】滤镜

10. 镜头模糊

顾名思义，【镜头模糊】滤镜可以模拟亮光在照相机镜头中产生的折射效果，从而制作出镜头景深的模糊效果。在使用【镜头模糊】滤镜前，要注意使用选区保护保持清晰的图像部分，再进行模糊处理。执行【滤镜】→【镜头模糊】命令，打开该滤镜的对话框，如图 8-42 所示。

- 预览：勾选该复选框，可以在左侧的预览窗口中显示图像模糊的最终效果。选择【更快】选项，可以加快显示图像的模糊效果；选择【更加准确】选项，可以更加精确地显示图像的模糊效果，但速度会比较慢。
- 深度映射：设置模糊的深度映射效果。在【源】右侧的下拉列表中，可以从中选择【镜头模糊】产生的形式，有"无""透明度"和"图层蒙版"3 个选项；选择【模糊焦距】选项，可以设置模糊焦距范围的大小；勾选【反相】复选框，则焦距越小，模糊效果越明显。
- 光圈：设置镜头的光圈。【形状】下拉列表中，可以选择光圈的形状，包括"三角形""方形""五边形""六边形""七边形"和"八边形"6 个选项；【半径】选项可以控制镜头模糊程度的大小，值越大，模糊效果越明显；【叶片弯度】选项可以控制相机

图 8-42　【镜头模糊】对话框

叶片的弯曲程度,值越大,模糊效果越明显;【旋转】选项可以控制模糊产生的旋转程度。

- 镜面高光:设置镜面的高光效果。【亮度】选项可以控制模糊后图像的亮度,值越大,图像越亮;【阈值】选项可以控制图像模糊后的效果层次,值越大,图像的层次越丰富。
- 杂色:设置图像中产生的杂色数量。值越大,产生的杂色就越多。
- 分布:设置图像中产生杂色的分布情况。【平均】表示将平均分布这些杂色;【高斯分布】表示将以高斯方式分布这些杂色。
- 单色:勾选该复选框,将以单色的形式在图像中产生杂色。

11. 平均

使用【平均】滤镜,可以以整幅图像或选区的平均颜色来对图像或选区进行填充,从而使图像颜色变得均匀统一。

12. 特殊模糊

【特殊模糊】滤镜可以对图像进行精细化的模糊处理。它只对有微弱颜色变化的区域进行模糊处理,从而产生一种边缘清晰的模糊效果。【特殊模糊】滤镜可以将图像中的褶皱模糊掉,也可以将重叠的边缘模糊掉。利用不同的选项,还可以将彩色图像变成边界为白色的黑白图像。执行【滤镜】→【特殊模糊】命令,打开【特殊模糊】对话框,如图 8-43 所示。

- 半径:设置搜索不同像素的范围。取值越大,模糊效果就越明显,取值范围为 0.1~100。

229

- 阈值：设置像素被模糊前与周围像素的差值，只有当相邻像素间的亮度差超过这个值的限制时，才能对其进行模糊处理。取值范围为 0.1～100。
- 品质：设置图像模糊效果的质量。包括"低""中"和"高"3 个选项。
- 模式：设置模糊图像的模式，包括"正常""仅限边缘"和"叠加边缘"3 种模式。选择【正常】模式，模糊后的图像效果与其他模糊滤镜基本相同；选择【仅限边缘】模式，系统会以黑色作为图像背景，以白色勾绘出图像边缘像素亮度变化强烈的区域；选择【叠加边缘】模式，相当于【正常】模式和【仅限边缘】模式叠加的效果。

13. 形状模糊

【形状模糊】滤镜可以根据预置的形状或自定义的形状对图像进行特殊的模糊处理，一般用来制作花纹图案，如图 8-44 所示。

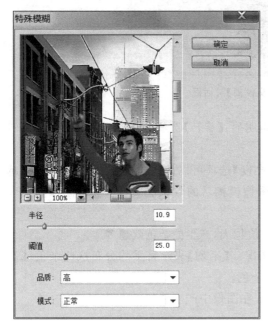

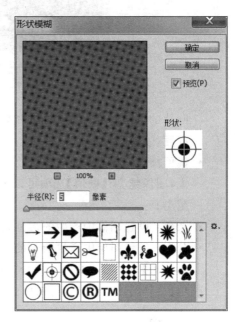

图 8-43　【特殊模糊】对话框　　　　　图 8-44　【形状模糊】对话框

8.4.3　【扭曲】滤镜组

执行【滤镜】→【扭曲】命令，弹出【扭曲】滤镜组，如图 8-45 所示。【扭曲】滤镜组的主要作用是按照各种方式在几何意义上扭曲一幅图像，如非正常拉伸、扭曲和挤压等，产生水波、镜面反射和火光等效果。

1. 波浪、波纹、水波、旋转扭曲

【波浪】、【波纹】、【水波】、【旋转扭曲】滤镜都可以产生类似于水波纹扭曲的效果。下面以"素材 8.jpg"为例，如图 8-46 所示，分别介绍这几种滤镜。

图 8-45　【扭曲】滤镜组　　　　　　　　　　　　　图 8-46　素材 8.jpg

（1）【波浪】滤镜。【波浪】滤镜可以根据用户在【波浪】滤镜对话框中设置的不同波长、波幅等参数，产生不同的波纹效果，可以在图像上创建波状起伏的图案，生成波浪效果，如图 8-47 所示。

图 8-47　应用【波浪】滤镜

（2）【波纹】滤镜。【波纹】滤镜与【波浪】滤镜工作方式相同，可以在图像上创建类似于风吹水面产生的波纹涟漪效果，如图 8-48 所示，在【波浪】滤镜对话框中可以控制波纹的数量和波纹的大小。

（3）【水波】滤镜。【水波】滤镜可以模拟水池中的波纹，使图像产生类似向水池中投入石子后水面的变化形态，所以【水波】滤镜多用来制作水的波纹，如图 8-49 所示。在【水波】滤镜对话框中可以控制产生水波的数量、起伏以及样式。

图 8-48　应用【波纹】滤镜

图 8-49　应用【水波】滤镜

（4）【旋转扭曲】滤镜。【旋转扭曲】滤镜以图像中心作为旋转中心,对图像进行旋转扭曲。【旋转扭曲】滤镜可以使图像产生旋转的风轮效果,旋转会围绕图像中心进行,中心旋转的程度比边缘大,如图 8-50 所示。在【旋转扭曲】滤镜对话框中可以设置扭曲的角度。

2. 极坐标

【极坐标】滤镜以图像中心为旋转中心,对图像进行旋转扭曲,可以使图像产生旋转的风轮效果,旋转会围绕图像中心进行,中心旋转的程度比边缘大。以"素材 9.jpg"为例,使用【极坐标】滤镜命令,效果如图 8-51 所示。

图 8-50 应用【旋转扭曲】滤镜

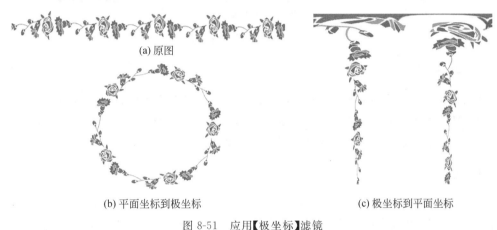

(a) 原图

(b) 平面坐标到极坐标   (c) 极坐标到平面坐标

图 8-51 应用【极坐标】滤镜

3. 挤压

【挤压】滤镜可以将整幅图像或选区内的图像向内或向外挤压,产生收缩或膨胀的效果。在【挤压】滤镜对话框中设置【数量】参数,变化范围为-100％～100％,正值向内凹进,负值向外凸出。以"素材 9.jpg"为例,挤压效果如图 8-52 所示。

(a) 原图   (b)【数量】为100%的效果   (c)【数量】为-100%的效果

图 8-52 应用【挤压】滤镜

233

4. 切变

应用【切变】滤镜可以按照自己设定的曲线来扭曲图像,是一种比较灵活的滤镜,效果如图 8-53 所示。

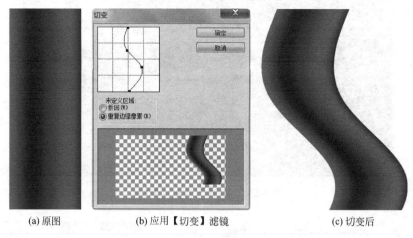

(a) 原图　　　　　　(b) 应用【切变】滤镜　　　　　　(c) 切变后

图 8-53　应用【切变】滤镜

5. 球面化

【球面化】滤镜与之前介绍的挤压滤镜的效果和设置方式相似,通过将图像或选区折成球形,扭曲图像以及伸展图像以适合选中曲线,使图像产生凹陷或凸出的球面或柱面效果,就像图像被包裹在球面或柱面上产生的立体效果一样,使图像产生 3D 效果。

6. 置换

【置换】滤镜可以根据另一张图像的亮度值使现有图像的像素重新排列并产生位移。【置换】滤镜可以指定一幅图像,并使用该图像的颜色、形状和纹理等来确定当前图像中的扭曲方式,最终使两幅图像交错组合在一起,产生位移扭曲效果。这里指定的图像被称为置换图,而且置换图的格式必须是 PSD 格式。

8.4.4　【锐化】滤镜组

【锐化】滤镜组主要通过增强相邻像素之间的对比度来减弱或消除图像的模糊效果,达到使图像变清晰的效果。

1. USM 锐化

【USM 锐化】滤镜可以在图像的边缘生成一条亮线和一条暗线,以此来产生轮廓的锐化效果,多用于校正摄影、扫描、重新取样或打印过程中产生的模糊。【USM 锐化】滤镜是【锐化】滤镜组中锐化效果增强的滤镜,它兼有"锐化""进一步锐化"和"锐化边缘"3 种滤镜的功能。

2. 锐化和进一步锐化

【锐化】滤镜和【进一步锐化】滤镜都是通过增加像素间的对比度使图像变得清晰,【进一步锐化】滤镜比【锐化】滤镜的效果强烈些,相当于应用了 2～3 次【锐化】滤镜。

3. 锐化边缘

【锐化边缘】滤镜锐化的仅是图像的轮廓边缘,保留图像总体的平滑度。

4. 智能锐化

【智能锐化】滤镜采用新的运算方法,可以更好地进行边缘探测,减少锐化后产生的晕影,从而改善了图像的边缘细节。

8.4.5　【视频】滤镜组

【视频】滤镜组属于 Photoshop CS6 的外部接口程序,它可以将普通图像转换为视频图像,或者将视频图像转换为普通图像,用于从摄像机输入图像或将图像输出到录像带上。该滤镜组包括【NTSC 颜色】滤镜和【逐行】滤镜。

1. NTSC 颜色

【NTSC 颜色】滤镜可以解决当使用 NTSC 方式向电视机输入图像时色域变窄的问题。该滤镜可将色域限制为电视可接收的颜色,将某些饱和度过高的颜色转化成近似的颜色,从而降低饱和度,以匹配 NTSC 视频标准色域。

2. 逐行

【逐行】滤镜通过隔行扫描方式显示图像,电视以及视频设备中捕捉的图像都会出现扫描线。【逐行】滤镜可以移去视频图像中的奇数或偶数隔行线,消除视频图像中的奇数或偶数交错行,使在视频上捕捉的运动图像变得平滑、清晰。另外,【逐行】滤镜用于在视频输入时消除混杂信号的干扰。【逐行】滤镜不能应用于 CMYK 模式的图像。

8.4.6　【像素化】滤镜组

【像素化】滤镜组主要用来将图像分块或将图像平面化,类似于色彩构成的效果。下面以“素材 10.jpg”为例,分别介绍它们,如图 8-54 所示。

1. 彩块化

【彩块化】滤镜可以将图像中的纯色或颜色相近的像素集结起来形成彩色色块,从而生成彩块化效果。使用【彩块化】滤镜处理扫描的图像时,可以使其看起来像手绘的图像,也可以使现实主义图像产生类似抽象派的绘画效果,制作出类似宝石刻画的色块。

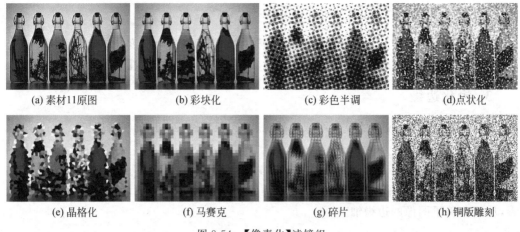

(a) 素材11原图　　　　(b) 彩块化　　　　(c) 彩色半调　　　　(d) 点状化

(e) 晶格化　　　　(f) 马赛克　　　　(g) 碎片　　　　(h) 铜版雕刻

图 8-54　【像素化】滤镜组

2. 彩色半调

【彩色半调】滤镜可以使图像变为网点状效果,先将图像的每一个通道划分出矩形区域,再以与矩形区域亮度成比例的圆形替代这些矩形,圆形的大小与矩形的亮度成比例,高光部分生成的网点较小,阴影部分生成的网点较大。

3. 点状化与晶格化

【点状化】滤镜与【晶格化】滤镜的作用大致相同,使相近的有色像素结为纯色多边形,都是通过设置【单元格大小】参数来决定晶块的大小。不同之处在于【点状化】滤镜还在晶块之间产生空隙,空隙内用背景色填充。

4. 马赛克

【马赛克】滤镜可以使像素结为方形块,再给块中的像素应用平均的颜色,创建出马赛克效果。

5. 碎片

【碎片】滤镜可以把图像的像素复制 4 次,再将它们平均,并使其相互偏移,使图像产生一种类似于相机没有对准焦距所拍摄出的效果模糊的照片。

6. 铜版雕刻

【铜版雕刻】滤镜可以在图像中随机生成各种不规则的直线、曲线和斑点,使图像产生年代久远的金属板效果。

8.4.7　【渲染】滤镜组

【渲染】滤镜组能够在图像中产生光照效果和不同的光源效果,这类滤镜分别介绍如下。

1. 分层云彩与云彩

【分层云彩】滤镜与【云彩】滤镜都可以根据前景色和背景色的混合生成云彩图像,但二者产生云彩的方法不同。【云彩】滤镜可以在透明层上或有图像的图层上以填充方式制作,产生的云彩图像会将原图全部覆盖;而【分层云彩】滤镜只能在已有的像素图层上进行处理,是在已有的像素上再叠加一层云彩效果,并自带混合模式,不会覆盖原图。第一次使用【分层云彩】滤镜时,图像的某些部分被反相为云彩图案,多次应用【分层云彩】滤镜之后,就会创建出与大理石纹理相似的凸缘与叶脉图案。

操作技巧

执行【分层云彩】滤镜或【云彩】滤镜后,连续按 Ctrl+F 组合键,并重复操作,可随机得到不同的云彩效果。

2. 光照效果

【光照效果】滤镜是一个强大的灯光效果制作滤镜,光照效果包括 17 种光照样式、3 种光照类型和 4 套光照属性,可以在 RGB 模式的图像上产生无数种光照效果,还可以使用灰度模式文件的纹理(称为凹凸图)产生类似 3D 效果。

3. 镜头光晕

【镜头光晕】滤镜可以模拟亮光照射到相机镜头所产生的折射,常用来表现玻璃、金属等反射的光,或用来增强日光和灯光效果。

4. 纤维

【纤维】滤镜可以将前景色和背景色进行混合处理,生成具有纤维效果的图像。

8.4.8 【杂色】滤镜组

【杂色】滤镜组包括 5 种滤镜,其中【添加杂色】滤镜用于增加图像中的杂色,其他均用于去除图像中的杂色,如扫描输入图像产生的斑点和折痕。

1. 减少杂色

使用数码相机拍照时,如果用很高的 ISO 设置,曝光不足或者用较慢的快门速度在黑暗区域中拍照,就可能会导致出现杂色。图像的杂色显示为随机的无关像素,它们不是图像的一部分,【减少杂色】滤镜可基于影响整个图像或各个通道的设置保留边缘,对于去除照片中的杂色非常有效。

2．蒙尘与划痕

【蒙尘与划痕】滤镜可通过更改相异的像素来减少杂色，对于去除扫描图像中的杂点和折痕特别有效。【蒙尘与划痕】滤镜可以去除像素邻近区域差别较大的像素，以减少杂色，修复图像的细小缺陷。

3．去斑

【去斑】滤镜可以检测图像边缘发生显著颜色变化的区域，并模糊除边缘外的所有选区，消除图像中的斑点，同时保留细节。

4．添加杂色

【添加杂色】滤镜可以将随机的像素应用于图像，模拟在高速胶片上拍照的效果，可以用来减少羽化选区或渐变填充中的条纹或者使经过重大修饰的区域看起来更加真实，或者在一张空白的图像上生成随机的杂点，制作成杂纹或其他底纹。

5．中间值

【中间值】滤镜通过混合选区中像素的亮度来减少图像的杂色，可以搜索像素选区的半径范围以查找亮度相近的像素，扔掉与相邻像素差异太大的像素，并用搜索到的像素的中间亮度值替换中心像素，从而使图像变得模糊，在消除或减少图像的动感效果时非常有用。

8.4.9 【其他】滤镜组

【其他】滤镜组允许用户创建自己的具有独特效果的滤镜、使用滤镜修改蒙版、在图像中使选区发生位移和快速调整颜色。

1．高反差保留

【高反差保留】滤镜可以在有强烈颜色转变发生的地方按指定的半径保留边缘细节，并且不显示图像的其余部分，并且可从扫描图像中取出艺术线条和大的黑白区域。

2．位移

【位移】滤镜可以水平或垂直偏移图像，对于由偏移生成的空缺区域，还可以用不同的方式来填充。

3．自定

【自定】滤镜是 Photoshop CS6 提供的可以自定义滤镜效果的功能。【自定】滤镜根据预定义的数学运算（称为卷积）更改图像中每个像素的亮度值，这种操作与通道的加、减计算类似，用户可以存储创建的【自定】滤镜，并将它们用于其他 Photoshop 图像。可以根据周围的像素值为每个像素重新指定一个值,从而产生锐化、模糊、浮雕等效果。

4. 最大值与最小值

【最大值】滤镜和【最小值】滤镜的作用正好相反。【最大值】滤镜可以在指定的半径内,用周围像素的最高亮度替换当前像素的亮度值。【最大值】滤镜具有应用阻塞的效果,可以扩展白色区域,阻塞黑色区域。【最小值】滤镜可以在指定的半径内,用周围像素的最低亮度替换当前像素的亮度值。【最小值】滤镜具有伸展的效果,可以扩展黑色区域,收缩白色区域。

8.4.10　Digimarc 滤镜组

Digimarc 滤镜组也叫【数字水印】滤镜组,它包含【读取水印】和【嵌入水印】两种滤镜,主要是为图像加入或阅读著作权信息。

8.4.11　案例操作

【案例 8-5】　本案例主要使用【渲染】、【模糊】、【扭曲】等滤镜工具结合之前学习的选区、路径和绘图工具等绘制苹果。

step 01　执行【文件】→【新建】命令,新建一个大小为 960 像素×800 像素、颜色模式为 RGB、背景内容为白色、分辨率为 72 像素/英寸的文件。选择工具箱中的钢笔工具，绘制苹果的轮廓,如图 8-55 所示。

图 8-55　用路径绘制苹果的轮廓

step 02 在【路径】面板上将"工作路径"拖曳到面板下方【创建新路径】按钮 上，将苹果轮廓路径保存为"路径1"。单击【将路径作为选区载入】按钮 。在【图层】面板上新建图层并命名为"苹果轮廓"。

step 03 设置前景色为♯b50a0a，背景色为♯fb885c，选择渐变工具 ，设置为"径向渐变"，如图8-56所示，在选区拖曳鼠标填充如图8-57所示的苹果颜色。

图 8-56　渐变的设置

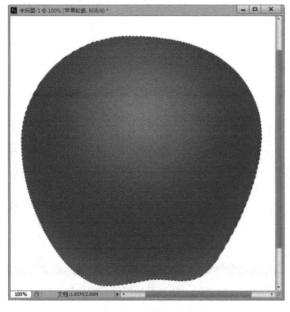

图 8-57　填充苹果的颜色

step 04 保持选区的状态，双击"苹果轮廓"图层，打开【图层样式】对话框，选择【内阴影】样式，设置如图 8-58 所示，单击【确定】按钮，图层效果如图 8-59 所示。

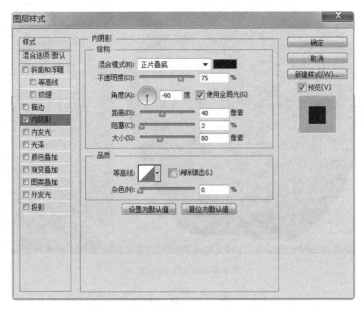

图 8-58　设置【内阴影】参数

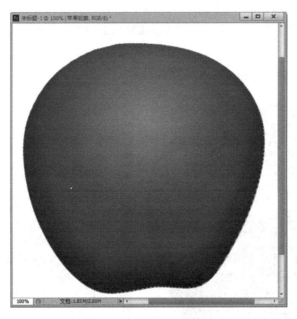

图 8-59　内阴影图层效果

step 05 保持刚才设置的前景色、背景色不变，执行【滤镜】→【渲染】→【云彩】命令，再执行【滤镜】→【扭曲】→【球面化】命令，设置【数量】为 100％，【模式】为"正常"，复制"苹果轮廓"图层，新图层【混合模式】设置为"柔光"，如图 8-60 所示。

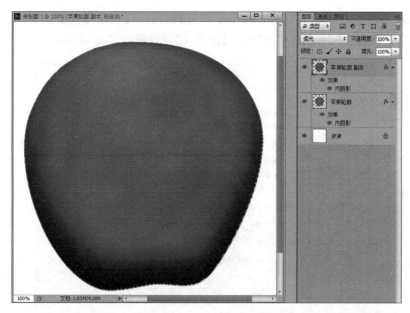

图 8-60　设置柔光效果

step 06 取消选区。新建图层并命名为"苹果斑点"。选择画笔工具 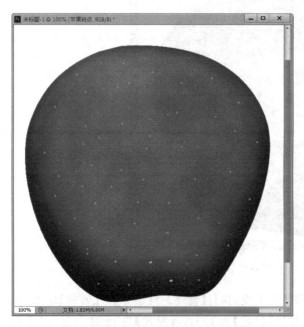，颜色设为淡黄色，【笔刷大小】设置为 4 像素，【硬度】为 100%，加一层小点在苹果表面。然后再把【笔刷大小】设置为 3 像素，再加一层小点，如图 8-61 所示。执行【滤镜】→【模糊】→【高斯模糊】命令，对话框设置如图 8-62 所示。再执行【滤镜】→【扭曲】→【球面化】命令，图像效果如图 8-63 所示。

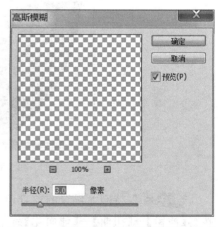

图 8-61　为苹果加斑点　　　　　　　　图 8-62　对苹果斑点应用【高斯模糊】效果

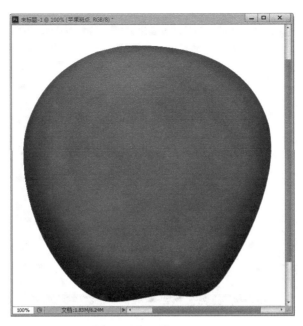

图 8-63　苹果斑点模糊处理后的效果

step 07 做苹果上方的凹处。新建图层并命名为"苹果凹处",选择画笔工具，设置前景色为黑色,【笔刷大小】为 70 像素,【硬度】为 100％,在苹果偏上方中间点一下,如图 8-64 所示。执行【滤镜】→【模糊】→【高斯模糊】命令,模糊【半径】设置为 28 像素。选择椭圆选框工具，【羽化】选项值为 0,适当地拉出一个椭圆的形状,按 Ctrl＋Shift＋I 组合键进行反选,按 Delete 键删除,如图 8-65 所示。

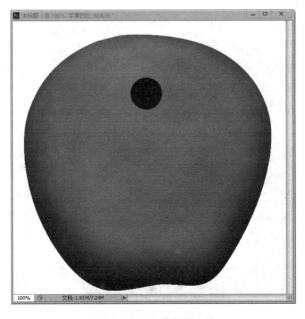

图 8-64　画出苹果的凹点

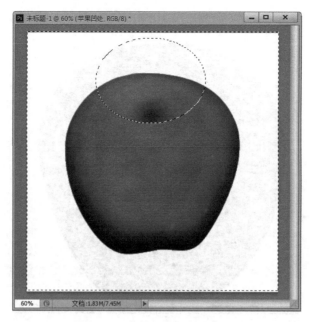

图 8-65　苹果凹点的处理效果

　　step 08 制作苹果高亮的地方。新建图层并命名为"高亮"。选择画笔工具 ✐，设置前景色为白色，【笔刷大小】为 35 像素，【硬度】为 0，在属性栏上打开 ◉ 按钮。打开【路径】面板，新建路径层"路径 2"，选择钢笔工具 ✐，勾出一条有弧度的线，单击【路径】面板右上角的按钮 ▼≡，选择"描边路径"，选中【模拟压力】，如图 8-66 所示。单击【确定】按钮，效果如图 8-67 所示。

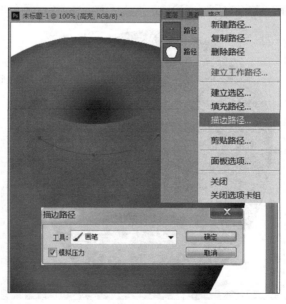

图 8-66　绘制路径并描边

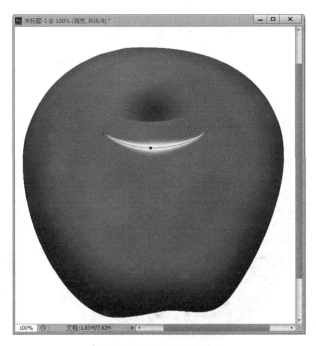

图 8-67　路径的描边效果

step 09 取消路径的选中状态,回到"高亮"图层,执行【滤镜】→【模糊】→【高斯模糊】命令,【半径】设置为 10 像素,效果如图 8-68 所示。复制"高亮"图层,按 Ctrl＋T 组合键进行变换,按 Shift 键旋转缩小,拖到上方的位置,如图 8-69 所示。

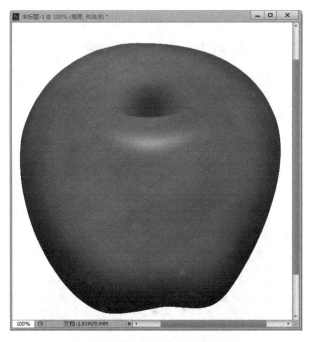

图 8-68　高光部分的高斯模糊效果

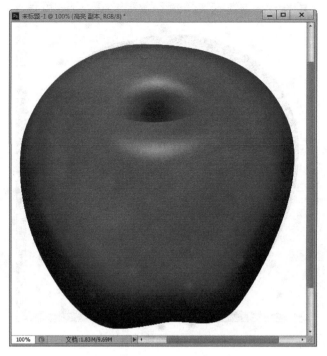

图 8-69 高光效果

step 10 新建图层并命名为"苹果梗"。选择画笔工具 ![画笔工具],设置前景色为♯4a2600，【笔刷大小】为 20 像素,【硬度】为 50％,绘制苹果梗。选择减淡工具 ![减淡工具],【笔刷大小】设置为 14 像素,拖动鼠标涂抹出梗的高亮部分,如图 8-70 所示。

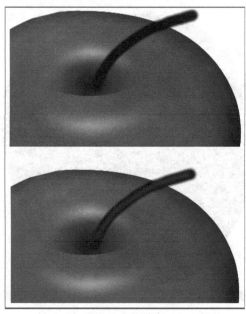

图 8-70 制作苹果梗

step 11 在"苹果梗"图层下面新建图层,并命名为"苹果梗阴影"。选择【矩形选区】工具 ，【羽化】选项值设为 0,拉出一个长方形,填充黑色。按 Ctrl＋D 组合键取消选区,执行【滤镜】→【模糊】→【高斯模糊】命令,半径设置为 16 像素,效果如图 8-71 所示。

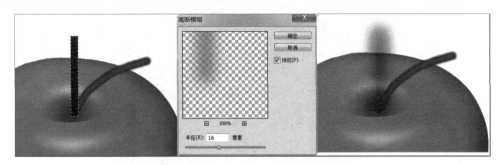

图 8-71　制作苹果梗的阴影

step 12 新建图层并命名为"苹果花纹"。设置前景色为♯f5a429,选择椭圆选框工具 ，【羽化】选项值设为 0,制作一个椭圆选区,按 Alt＋Delete 组合键将前景色填充到选区,如图 8-72 所示,选择橡皮擦工具 ，【笔刷大小】设置为 480 像素,硬度为 0,擦掉不要的部分,如图 8-73 所示。

图 8-72　填充椭圆选区

step 13 在"苹果轮廓"图层下面新建图层并命名为"苹果阴影",【图层】面板如图 8-74 所示。选择画笔工具 ，设置前景色为黑色,【笔刷大小】为 460 像素,硬度为 0,绘制阴影,如图 8-75 所示。选择橡皮擦工具 ，【笔刷大小】设置为 480 像素,硬度为 0,擦掉阴影多余的部分,如图 8-76 所示。

图 8-73　绘制苹果的花纹

图 8-74　图层效果

图 8-75 绘制阴影

step 14 执行【文件】→【存储为】命令，将文件保存为"8-5_end.psd"。

【案例 8-6】　本案例主要使用【渲染】滤镜结合图层样式制作一个玉手镯。

step 01 执行【文件】→【新建】命令，新建一个大小为 400 像素×400 像素、颜色模式为 RGB、背景内容为白色的文件。

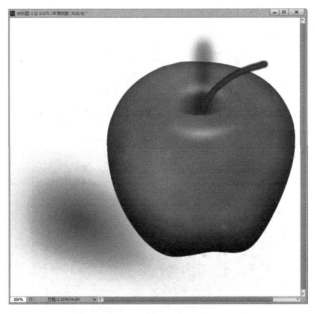

图 8-76　擦除多余的阴影

step 02 新建图层,设置前景色为绿色、背景色为白色,执行【滤镜】→【渲染】→【云彩】命令。

step 03 执行【选择】→【色彩范围】命令,在弹出的【色彩范围】对话框中,用吸管单击一下图中的绿色,并调整"颜色容差"到图像显示出足够多的细节时,单击【确定】按钮,如图 8-77 所示。

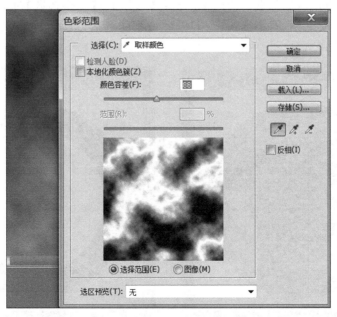

图 8-77　【色彩范围】对话框

249

step 04 设置前景色为较深的绿色,按 Alt+Delete 组合键,用前景色填充选区,效果如图 8-78 所示。

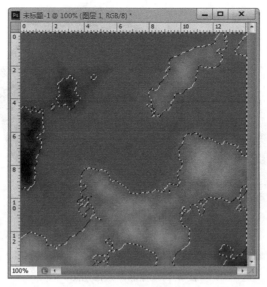

图 8-78　填充绿色

step 05 按 Ctrl+D 组合键取消选区,用鼠标拉出相互垂直的两条参考线,确定图像的中心点。

step 06 选择椭圆选框工具，【羽化】选项值为 0,按 Shift+Alt 组合键,在中心点拖动鼠标绘制一个以中心参考点为圆心的圆形选区,如图 8-79 所示。按 Ctrl+Shift+I 组合键反选,按 Delete 键删除选区内图像。执行【选择】→【变换选区】命令,按 Shift+Alt 组合键向中心拖动鼠标,缩小选区,按 Delete 键删除选区内图像,取消选区并清除参考线,如图 8-80 所示。

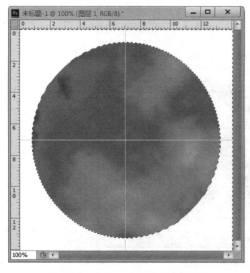

图 8-79　在中心点制作圆形选区

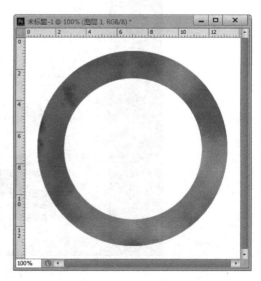

图 8-80　圆环效果

step 07　双击"图层 1"缩略图,打开【图层样式】对话框,选中【斜面和浮雕】复选框,设置各个参数后的图像效果如图 8-81 所示。

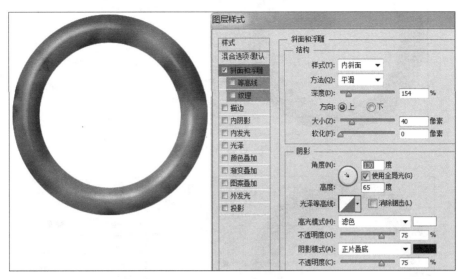

图 8-81　设置【斜面和浮雕】参数

step 08　选中【内发光】复选框,设置各个参数后的图像效果如图 8-82 所示。

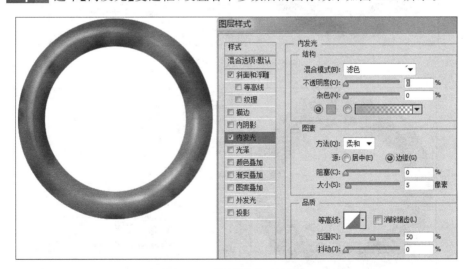

图 8-82　设置【内发光】参数

step 09　选中【光泽】复选框,设置各个参数后的图像效果如图 8-83 所示。

step 10　选中【投影】复选框,设置各个参数后的图像效果如图 8-84 所示。

step 11　设置完上述选项后,再次回到【斜面和浮雕】选项卡,设置【阴影模式】的色块为绿色,如图 8-85 所示。

step 12　执行【文件】→【存储为】命令,将文件保存为"8-6_end.psd"。

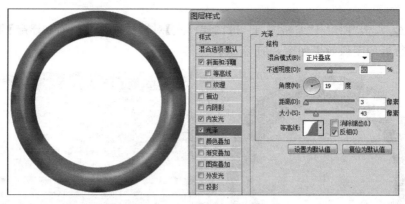

图 8-83 设置"光泽"参数

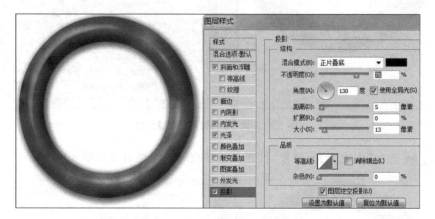

图 8-84 设置【投影】参数

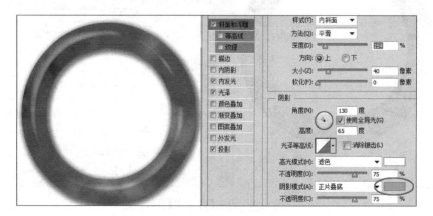

图 8-85 设置【斜面和浮雕】的阴影模式

提　示

　　在【案例 8-6】的制作过程中，涉及很多参数的设置，如颜色、【色彩范围】对话框、【图层样式】对话框等，大家可以观察着图像反复调整，直到满意为止。

【案例 8-7】 本案例主要使用【添加杂色】、【动感模糊】和【旋转扭曲】滤镜制作木质底纹。

step 01 执行【文件】→【新建】命令,新建一个大小为 400 像素×400 像素、颜色模式为 RGB、背景内容为棕色的文件。

step 02 执行【滤镜】→【杂色】→【添加杂色】命令,按图 8-86 所示参数值设置【添加杂色】对话框,单击【确定】按钮,效果如图 8-87 所示。

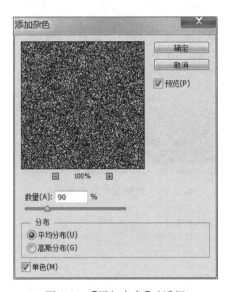

图 8-86 【添加杂色】对话框

图 8-87 添加杂色后的效果

step 03 执行【滤镜】→【模糊】→【动感模糊】命令,按图 8-88 所示参数值设置【动感模糊】对话框,单击【确定】按钮,效果如图 8-89 所示。

图 8-88 【动感模糊】对话框

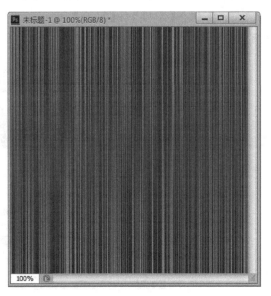

图 8-89 动感模糊后的效果

step 04 为使效果更加逼真,使用椭圆选框工具 ,羽化值为 0。选取部分像素,执行【滤镜】→【扭曲】→【旋转扭曲】命令,按图 8-90 所示参数值设置【旋转扭曲】对话框,单击【确定】按钮,效果如图 8-91 所示。

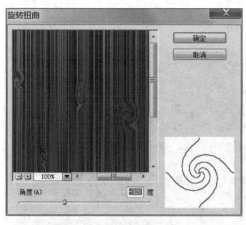

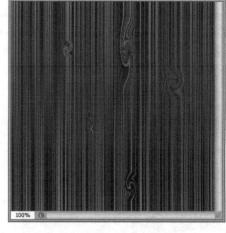

图 8-90 【旋转扭曲】对话框　　　　　　　　图 8-91 旋转扭曲后的效果

step 05 执行【文件】→【存储为】命令,将文件保存为"8-7_end.psd"。

提　示

在【案例 8-7】的 step04 中,椭圆选区的大小可以变化,【旋转扭曲】对话框中的【角度】选项值可以反复调整来观察图像的变化,直到满意为止。

【案例 8-8】 本案例主要使用【点状化】滤镜结合阈值命令制作大雪纷飞的效果。

step 01 执行【文件】→【打开】命令,打开"素材\chapter08\素材 12.jpg"文件,如图 8-92 所示。

图 8-92　素材 12.jpg

step 02 新建图层"图层 1",并用白色填充图层。执行【滤镜】→【像素化】→【点状化】命令,打开如图 8-93 所示的【点状化】对话框,设置【单元格大小】的值为 3,单击【确定】按钮,则"图层 1"中充满了彩色的小点。

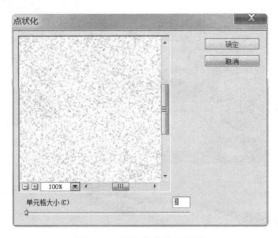

图 8-93 【点状化】对话框

step 03 执行【图像】→【调整】→【阈值】命令,打开【阈值】对话框,将【阈值色阶】的大小设置为 255,然后单击【确定】按钮,效果如图 8-94 所示。

图 8-94 设置【阈值】后的效果

step 04 由于雪花处于下落的趋势,因此会产生一种动感的效果,可以利用【动感模糊】滤镜来实现这一特点。执行【滤镜】→【模糊】→【动感模糊】命令,打开【动感模糊】对话框中,设置雪花飘落的【角度】为 60,【距离】为 4。

step 05 在【图层】面板中,设置"图层 1"的【混合模式】为"滤色",效果如图 8-95 所示。

图 8-95　下雪效果

step 06 执行【文件】→【存储为】命令,将文件保存为"8-8_end.psd"。

提　示

　　在【案例 8-8】的 step02 中,设置【点状化】的【单元格大小】时,该值越大,则雪花越大,应根据图片的大小、景物的大小决定雪花的大小;在 step04 中,设置【动感模糊】的【距离】时,数值千万不可太大,该值太大就变成雨了,下雨效果就是这样设置的。

本 章 小 结

　　通过本章的学习,应该能熟练使用各种滤镜工具创造出丰富多彩的效果图像,应熟悉它们的特点、使用技巧和规则,同时掌握安装和使用外挂滤镜的方法。

思 考 与 练 习

1. 单项选择题

(1) 当执行完一个滤镜操作后,按(　　)组合键可以快速重复上次执行的滤镜操作。
　　A. Ctrl+F　　　　B. Ctrl+Shift+F　　　　C. Ctrl+Alt+F　　　　D. Shift+F

（2）按住（　　　）键，滤镜对话框中的【取消】按钮变成【复位】。
　　A. Ctrl　　　　　B. Alt　　　　　　　C.　Shift　　　　　D. 空格

（3）使用【置换】滤镜时，替换文件只能是（　　　）文件格式。
　　A. JPG　　　　　B. TIFF　　　　　　C. PDF　　　　　　D. P

（4）如果扫描的图像不够清晰，可以用（　　　）滤镜来处理。
　　A.【渲染】　　　B.【风格化】　　　　C.【扭曲】　　　　D.【锐化】

2. 问答题

简述滤镜的使用技巧。

实 训 案 例

【案例 8-9】　制作西瓜。

【实训目的】

（1）掌握【扭曲】滤镜组的使用方法。

（2）掌握【云彩】、【查找边缘】、【强化的边缘】等滤镜的使用方法。

（3）掌握滤镜库的使用方法。

（4）熟练使用【图层】面板并应用图层的混合模式。

【实训内容】

本案例主要使用 Photoshop CS6 的【波浪】、【波纹】、【云彩】、【球面化】、【查找边缘】和【强化的边缘】等滤镜工具并结合选区工具制作西瓜的轮廓和花纹，同时应用了图层的混合模式，这个实例中的方法不是唯一方法，用户应举一反三，积极尝试其他方法。

step 01 执行【文件】→【新建】命令，新建一个文件，大小、分辨率自定。

step 02 新建图层，命名为"条纹"。选择椭圆形选框工具，【羽化】选项值为 0，绘制如图 8-96 所示的形状，并填充颜色为 ♯144702（深绿色）。

图 8-96　制作椭圆形深绿色条纹

step 03 西瓜的条纹是不规则且呈起伏状的，有点波浪效果，可以使用【波浪】滤镜。执行【选择】→【自由变换】命令，按 Alt 键拖动鼠标扩大选区，如图 8-97 所示。

图 8-97　按 Alt 键扩大选区

step 04 执行【滤镜】→【扭曲】→【波浪】命令，打开【波浪】对话框，属性设置和图像效果如图 8-98 所示。

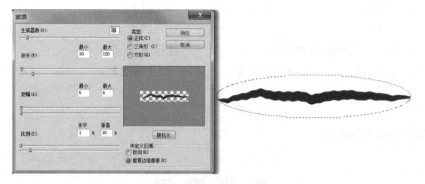

图 8-98 【波浪】对话框的设置及图像效果

step 05 西瓜条纹的边缘不是十分明朗，有比较碎的花纹。执行【滤镜】→【扭曲】→【波纹】命令，打开【波纹】对话框，属性设置和图像效果如图 8-99 所示。

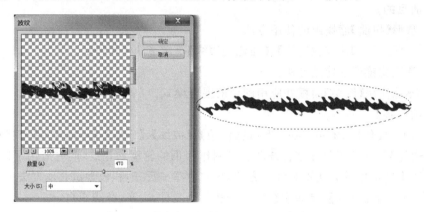

图 8-99 【波纹】对话框的设置及图像效果

step 06 按住 Ctrl 键并单击【图层】面板中"图层 1"的缩略图，选中图像，选择移动工具，鼠标光标变成 时，拖动选区复制图像，效果如图 8-100 所示，然后取消选区。

step 07 制作西瓜皮表面上细细的花纹。前景色仍为 step02 设置的深绿色，背景色为白色。在"条纹"图层下面新建图层并命名为"花纹"。执行【滤镜】→【渲染】→【云彩】命令，再执行【滤镜】→【风格化】→【查找边缘】命令，这时候可以隐约看到花纹效果了，但是不清晰。按 Ctrl+M 组合键，打开【曲线】对话框，调整该图层的对比度，如图 8-101 所示。为了使纹理清晰，同时忽略掉没用的部分，继续执行【滤镜】→【滤镜库】→【画笔描边】→【强化的边缘】命令，打开【强化的边缘】对话框，如图 8-102 所示，单击【确定】按钮，图像效果如图 8-103 所示，比较接近西瓜的花纹。

step 08 下面给西瓜上色。在"花纹"图层下方新建图层并命名为"绿色"，填充颜色为 ♯ 5d9c02 的绿色。设置图层"花纹"与下一图层"绿色"的【混合模式】为"正片叠底"，"花纹"图层的颜色就叠加到下面的图层"绿色"上，效果如图 8-104 所示。

258

图 8-100　复制图像

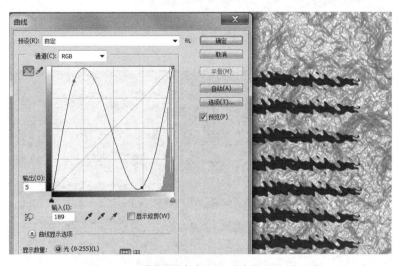

图 8-101　用【曲线】命令调整瓜皮花纹的对比度

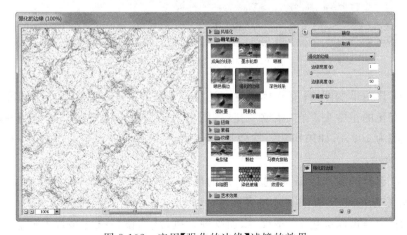

图 8-102　应用【强化的边缘】滤镜的效果

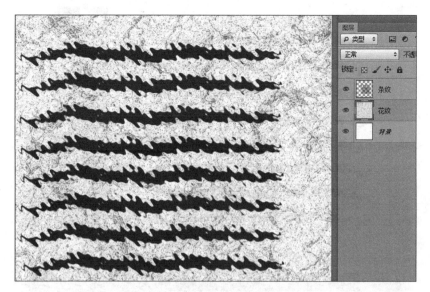

图 8-103　西瓜花纹效果

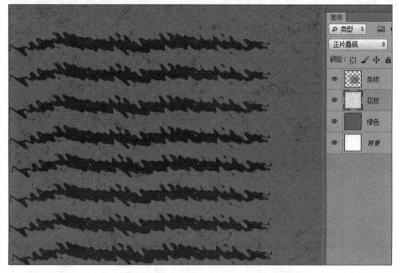

图 8-104　图层正片叠加的效果

step 09 让西瓜变圆,具有立体感觉。选择矩形选区工具,把要球面化的部分框选出来,使其在变化的正中央。在"条纹""花纹"图层上分别执行【滤镜】→【扭曲】→【球面化】命令,【数量】为 100%,如果扭曲一次效果不够,就将扭曲数值设置小些再扭曲,图像效果如图 8-105 所示。

step 10 选择椭圆选区工具,选择西瓜的形状,按 Ctrl+Shift+I 组合键反选,在所有图层上删除多余的部分,如图 8-106 所示。

step 11 给西瓜深绿色的"条纹"添加纹理。执行【滤镜】→【滤镜库】→【艺术效果】→【海绵】命令,参考如图 8-107 所示进行设置,单击【确定】按钮,图像效果如图 8-108 所示。

260

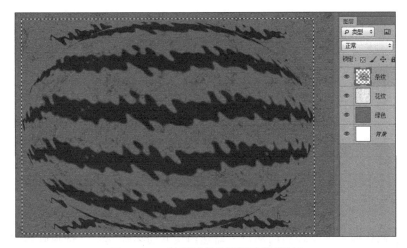

图 8-105　球面化"条纹"及"花纹"图层

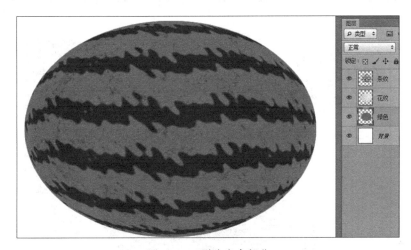

图 8-106　删除多余部分

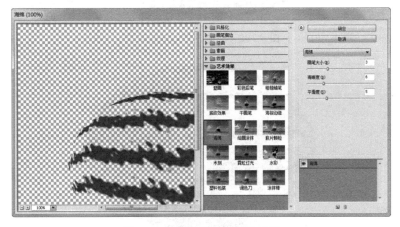

图 8-107　【海绵】对话框的设置

图 8-108　海绵效果

step 12 制作西瓜光照较亮的部位。新建图层并命名为"亮"。选择画笔工具,画笔颜色为白色,画出如图 8-109 所示的效果。设置"亮"图层的【混合模式】为"叠加",效果如图 8-110 所示。

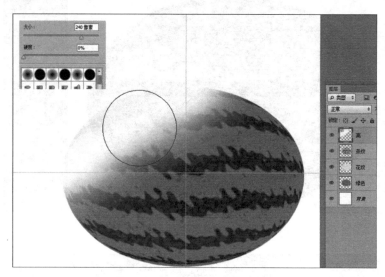

图 8-109　用画笔绘制光照效果

图 8-110　光照叠加效果

step 13 再新建图层并命名为"暗",制作西瓜的背光部位。效果如图 8-111 所示。

图 8-111　背光效果

step 14 制作西瓜的高光效果。新建图层并命名为"高光",选择椭圆选框工具,【羽化】选项值设为 30,制作高光的选区,填充白色,如图 8-112 所示。

图 8-112　制作高光效果

step 15 删除"亮"和"暗"图层多余的部分。选择魔棒工具,在"绿色"图层上单击透明处,制作选区,在【图层】面板上分别选择"亮"和"暗"图层,按 Delete 键,删除多余的像素。

step 16 制作西瓜的投影部分。新建图层并命名为"投影",选择椭圆选框工具,【羽化】选项值设为 10,制作投影的选区,自由变换选区,调整选区到合适的位置和大小,填充黑色。将"投影"图层拖动至"绿色"图层下面,效果如图 8-113 所示。选择橡皮擦工具,【笔刷大小】设为 450 像素,【硬度】设为 0,擦除投影的边缘部分,如图 8-114 所示。

263

图 8-113　投影效果

图 8-114　擦除投影

step 17　制作西瓜柄。选择钢笔工具,新建"路径 1",绘制西瓜柄路径,如图 8-115 所示。前景色设置为♯507702,在"绿色"图层下面新建图层并命名为"西瓜柄",单击【路径】面板下的【用前景色填充路径】按钮 ●,使用加深工具和减淡工具涂抹到满意为止,如图 8-116 所示。

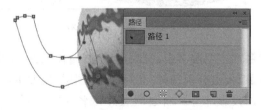

图 8-115　绘制西瓜柄路径

step 18　执行【文件】→【存储为】命令,将文件保存为"8-9_end. psd"。

图 8-116　绘制西瓜柄

【案例 8-10】　制作布格底纹。

【实训目的】

(1) 掌握滤镜库的使用方法。

(2) 掌握【风格化】滤镜组、【像素化】滤镜组、【其他】滤镜组的使用方法。

【实训内容】

本案例主要使用【拼贴】滤镜、【碎片】滤镜、【最大值】滤镜和滤镜库等工具制作布格底纹。

step 01　执行【文件】→【新建】命令,新建一个大小为 600 像素×600 像素、颜色模式为 RGB、背景内容为白色的文件。按个人喜好设置前景色和背景色,按 Alt＋Delete 组合键填充画面。

step 02　执行【滤镜】→【风格化】→【拼贴】命令,打开【拼贴】对话框并设置参数,效果如图 8-117 所示。

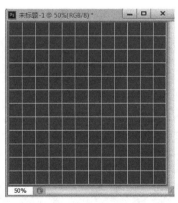

图 8-117　拼贴设置效果

step 03　执行【滤镜】→【像素化】→【碎片】命令,效果如图 8-118 所示。

step 04　执行【滤镜】→【其他】→【最大值】命令,打开【最大值】对话框并设置参数,效果如图 8-119 所示。

step 05　执行【滤镜】→【滤镜库】→【纹理】→【纹理化】命令,打开【纹理化】对话框并设置参数,效果如图 8-120 所示。

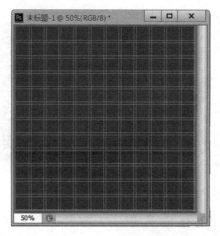

图 8-118　拼贴效果

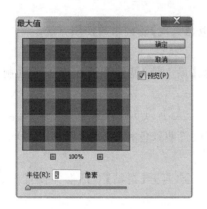
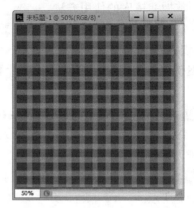

图 8-119　最大值设置效果

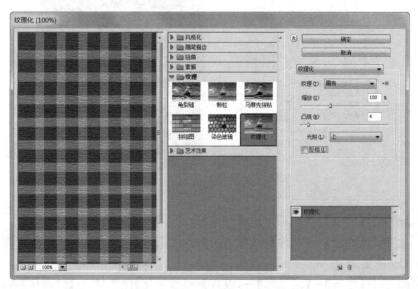

图 8-120　纹理化设置效果

step 06 执行【文件】→【存储为】命令，将文件保存为"8-10_end. psd"。

【案例 8-11】　制作冰雪文字效果。

【实训目的】

（1）掌握【晶格化】、【添加杂色】、【高斯模糊】、【风格化】等滤镜的使用方法。

（2）掌握【曲线】、【色相/饱和度】命令的使用方法。

【实训内容】

本案例首先创建文本并将其设置为选区，然后合并图层，再依次对背景区域和文本应用【晶格化】、【添加杂色】、【高斯模糊】、【风格化】等滤镜，以及使用【曲线】和【色相/饱和度】命令调整图像的色调和颜色。

step 01 执行【文件】→【新建】命令，新建一个大小为 900 像素×300 像素、颜色模式为 RGB、背景内容为白色的文件。

step 02 选择文字工具，输入文字"图像处理"，设置字体为楷体、颜色为黑色、大小为 200 点、加粗。

step 03 单击【图层】面板右上角的按钮▼≣，在弹出的菜单中执行【拼合图像】命令，合并到背景图层中。双击背景图层，将其转换为普通图层，如图 8-121 所示。

图 8-121　图层效果

step 04 选择魔棒工具，选择白色背景，执行【滤镜】→【像素化】→【晶格化】命令，打开【晶格化】对话框并设置【单元格大小】为 10，单击【确定】按钮，背景被晶格化，效果如图 8-122 所示。

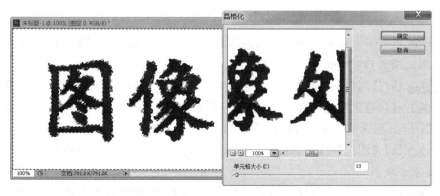

图 8-122　晶格化设置效果

267

step 05 按 Ctrl＋Shift＋I 组合键反选文字,执行【滤镜】→【杂色】→【添加杂色】命令,打开【添加杂色】对话框并设置参数,效果如图 8-123 所示。

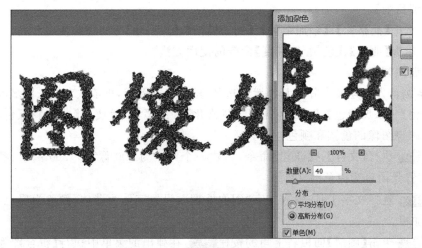

图 8-123　添加杂色设置效果

step 06 执行【滤镜】→【模糊】→【高斯模糊】命令,打开【高斯模糊】对话框并设置参数,效果如图 8-124 所示

图 8-124　高斯模糊设置效果

step 07 按 Ctrl＋M 组合键,打开【曲线】对话框,调整曲线,单击【确定】按钮,再取消选区,效果如图 8-125 所示。

step 08 执行【图像】→【图像旋转】→【90 度(顺时针)】命令,画布顺时针旋转 90 度。执行【滤镜】→【风格化】→【风】命令,打开【风】对话框并设置参数,效果如图 8-126 所示。连续按 Ctrl＋F 组合键 2 次,重复应用【风】滤镜。

step 09 执行【图像】→【图像旋转】→【90 度(逆时针)】命令,画布逆时针旋转 90 度,文字恢复水平状态。

step 10 按 Ctrl＋U 组合键,打开【色相/饱和度】对话框并设置参数,效果如图 8-127 所示。单击【确定】按钮,图像效果如图 8-128 所示。

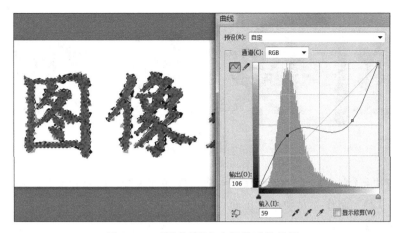

图 8-125　用【曲线】命令调整后的效果

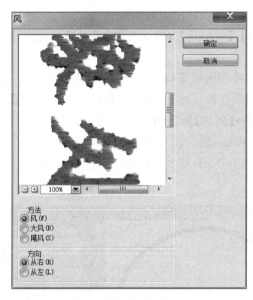

图 8-126　【风】对话框

图 8-127　调整【色相/饱和度】

269

图 8-128　文字效果

step 11 执行【文件】→【存储为】命令，将文件保存为"8-11_end.psd"。

【案例 8-12】　制作一元硬币的正面。

【实训目的】

（1）巩固并练习选区、路径和图层等知识。

（2）熟悉【曲线】命令的特点和使用方法。

（3）掌握【基底凸现】、【纹理化】、【高斯模糊】等滤镜的使用方法。

【实训内容】

本案例利用选区、路径和图层等知识，制作一元硬币的轮廓，使用【基底凸现】、【高斯模糊】和【纹理化】等滤镜制作硬币的基底材质，同时使用【曲线】命令调整光照角度。

step 01 执行【文件】→【新建】命令，新建一个大小为 600 像素×600 像素、分辨率为 300 像素/英寸、颜色模式为 RGB、默认前景色和背景色的文件。复制背景层，再新建"图层 1"，选择椭圆选框工具，按住 Shift 键拉出圆形，填充黑色。再收缩选区 10 像素，清除中间的颜色，如图 8-129 所示。

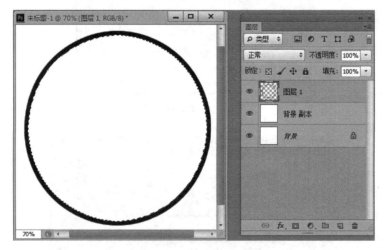

图 8-129　"图层 1"的效果

step 02 用椭圆路径工具拉出圆形，沿路径输入文字"中国人民银行"，设置字体为隶书，调整字号大小和位置，如图 8-130 所示。

step 03 新建"图层 2"。选择钢笔工具勾绘出"1"字形，并保存路径为"路径 2"，根据图像实际大小，可以执行【编辑】→【自由变换路径】命令，调整"路径 2"的大小，如图 8-131

所示。单击【路径】面板下的按钮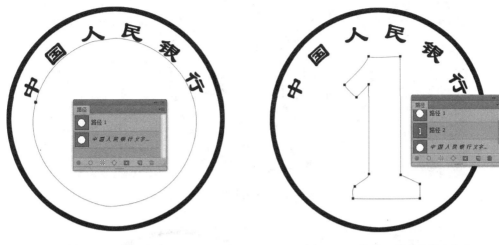，将路径转换为选区，执行【编辑】→【描边】命令，设置描边【宽度】为 10 像素，描边效果如图 8-132 所示。

图 8-130　输入文字　　　　　　　　　　　图 8-131　路径工具勾绘数字"1"

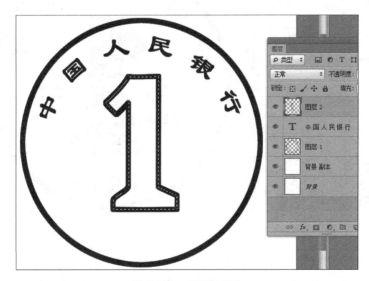

图 8-132　对选区描边

step 04 输入其他需要输入的文字。注意字体和字号、位置，如图 8-133 所示。

step 05 制作"1"中的横线。选择"图层 2"，用魔棒工具选中"1"内部的透明区域。新建"图层 3"，在"图层 3"的选区中填充除了黑色以外的任意颜色，再重新设置前景色为黑色，执行【滤镜】→【滤镜库】→【素描】→【半调图案】命令，在【半调图案】对话框中设置参数，效果如图 8-134 所示。

step 06 除背景图层以外，合并其他所有图层，并将合并后的图层命名为"硬币"。用魔棒工具选取在硬币图层黑圈以外的白色部分，按 Delete 键清除，并复制"硬币"图层。

step 07 在"硬币副本"图层上执行【滤镜】→【滤镜库】→【素描】→【基底凸现】命令，在

图 8-133　输入其他文字

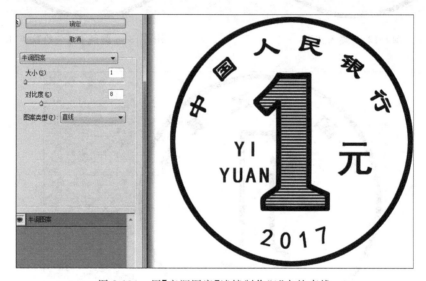

图 8-134　用【变调图案】滤镜制作"1"中的直线

【基底凸现】对话框中设置参数,效果如图 8-135 所示。

step 08 执行【滤镜】→【模糊】→【高斯模糊】命令,在打开的【高斯模糊】对话框中设置参数,图像效果如图 8-136 所示。

step 09 制作硬币基底的颗粒效果。在"硬币"图层中用魔棒工具选取白色区域(连续的选项前不要打钩)。得到选区后返回到"硬币副本"图层。执行【滤镜】→【滤镜库】→【纹理】→【纹理化】命令,在【纹理化】对话框中设置参数,效果如图 8-137 所示。

step 10 给硬币制作光照效果。按 Ctrl＋M 组合键打开【曲线】对话框,根据自己的喜好制作光照效果,如图 8-138 所示。

step 11 执行【文件】→【存储为】命令,将文件保存为"8-12_end.psd"。

图 8-135 【基底凸现】参数的设置及图像效果

图 8-136 【高斯模糊】参数的设置及图像效果

图 8-137 【纹理化】参数的设置及图像效果

273

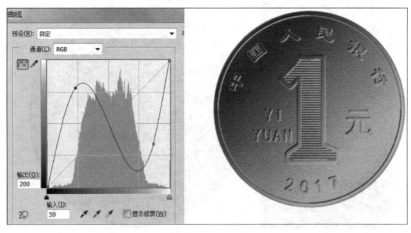

图 8-138 【曲线】参数的设置及图像效果

拓 展 练 习

拓展 1 制作足球。

【实训知识点要求】 使用选区工具、【填充】命令、【自由变换】命令、【变换选区】命令和【球面化】滤镜并结合图层的混合模式,绘制足球。在操作过程中,注意对象的"三面""五调",即光源的统一、投影的方向。足球参考效果如图 8-139 所示。

拓展 2 制作"福""禄""寿""禧"4 个字。

【实训知识点要求】 使用文本工具、【去色】命令、【曲线】命令、【点状化】滤镜并结合图层样式,制作"福""禄""寿""禧"4 个字,参考效果如图 8-140 所示。

图 8-139 足球参考效果

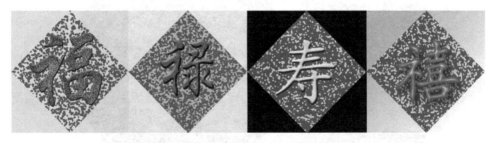

图 8-140 "福""禄""寿""禧"参考效果

拓展 3 制作一元硬币的背面。

【实训知识点要求】 根据如图 8-141 所示的"素材 12.jpg",利用选区、路径和图层相关知识,制作一元硬币的轮廓,使用【基底凸现】、【高斯模糊】和【纹理化】等滤镜制作硬币的基底材质,同时使用【曲线】命令调整光照的角度。硬币背面的参考效果如图 8-142 所示。

图 8-141　素材 12.jpg

图 8-142　硬币背面的参考效果

拓展 4　制作琉璃字。

【实训知识点要求】　使用文本工具、选区工具,结合通道知识,使用【高斯模糊】、【云彩】、【照亮边缘】等滤镜,为图层应用混合模式和添加图层样式,制作七彩琉璃文字效果。琉璃字参考效果如图 8-143 所示。

图 8-143　琉璃字参考效果

第9章 认识通道

本章导读

通道是 Photoshop 中图像处理的高级操作,是生成特殊图像效果的基础。本章在讲解案例操作的过程中,将全面、系统地介绍 Photoshop CS6 通道的概念、通道的作用、【通道】面板的使用、通道的创建、复制和删除操作、通道的运算及在使用通道时的操作技巧。通过本章内容的学习,大家应能熟练掌握通道的概念,并能运用通道的相关知识对图像进行特殊效果的处理。

知识目标

- ➢ 通道的概念。
- ➢ 【通道】面板的使用。
- ➢ 通道的创建、复制和删除操作。
- ➢ 通道的运算。

能力目标

- ➢ 熟练掌握通道的概念。
- ➢ 熟练运用【通道】面板。
- ➢ 熟练进行通道的创建、复制和删除。
- ➢ 熟练运用通道的运算功能。
- ➢ 熟练掌握抠图的技巧。
- ➢ 熟练运用通道的相关知识处理图像。

9.1　通　道　概　述

9.1.1　通道的概念

通道主要用于保存颜色数据,利用它可以查看各种通道信息,还能对通道进行编辑,从而达到编辑图像的目的。一幅图像最多可有 56 个通道。所有的新通道都具有与原图像相同的尺寸和像素数目。

操作提示

> 在 Photoshop CS6 中,打开图像后即会自动创建颜色信息通道。通道的数量与图像的模式有关,而与图层的多少无关。

9.1.2　通道的分类

Photoshop CS6 有 4 种通道类型,分别是"复合通道""单色通道""专色通道""Alpha 通道"。

1. 复合通道

复合通道不包含任何信息,实际上它只是同时预览并编辑所有颜色通道的一个快捷方式。图像的颜色模式决定了图像创建颜色通道的数目。

- 位图模式有 1 个通道,通道中有黑色和白色 2 个色阶。
- 灰度模式有 1 个通道,通道表现的是从黑色到白色的 256 个色阶的变化。
- RGB 模式有 4 个通道,即 1 个复合通道(RGB 通道),3 个分别代表红色、绿色、蓝色的通道。
- CMYK 模式有 5 个通道,即 1 个复合通道(CMYK 通道),4 个分别代表青色、洋红、黄色和黑色的通道。
- Lab 模式有 4 个通道,即 1 个复合通道(Lab 通道),1 个明度分量通道,2 个色度分量通道。

2. 单色通道

在【通道】面板中,单色通道都显示为灰色,通过 0～256 级亮度的灰度来表示颜色。在通道中很难控制图像的颜色效果,所以一般不采取直接修改颜色通道的方式改变图像的颜色。

3. 专色通道

专色通道是一种特殊的颜色通道,它可以使用除了青色、洋红、黄色、黑色以外的颜色来绘制图像。用于记录专色信息，指定用于专色油墨印刷的附加印版。

4. Alpha 通道

Alpha 通道这是计算机图形学中的术语，指的是特别的通道，有时特指透明信息。在 Photoshop CS6 中制作出的各种特殊效果都离不开 Alpha 通道。Alpha 通道常用于存储选择范围，它将选区存储为 8 位灰度图像，放入【通道】面板中，用来处理和保护图像的特定部分。

9.1.3　案例操作

【案例 9-1】　本案例主要使用通道对图像中的某种颜色进行调整，从而得到春色变秋色的图像效果。

step 01　执行【文件】→【打开】命令，打开"素材\chapter09\素材 1.jpg"文件。

step 02　选择【窗口】→【通道】命令，打开【通道】面板，如图 9-1 所示。

图 9-1　打开【通道】面板

step 03　在【通道】面板中选中"绿"通道，然后执行【图像】→【调整】→【曲线】命令，弹出【曲线】对话框，设置曲线参数如图 9-2 所示。

step 04　单击【确定】按钮，在【通道】面板中单击 RGB 通道，得到秋天的效果，如图 9-3 所示。

【案例 9-2】　本案例主要利用 Alpha 通道存储选区的功能，结合椭圆选框工具制作出"全家福"图像效果。

step 01　执行【文件】→【打开】命令，打开"素材\chapter09\素材 2.jpg"文件，双击背景层，使背景层解锁，得到"图层 0"，如图 9-4 所示。

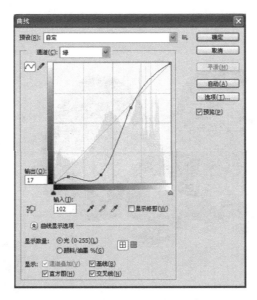

图 9-2　调整"绿"通道的颜色

图 9-3　秋天的效果

step 02 选择工具箱中的椭圆选框工具，在工具属性栏中设置【羽化】选项值为 10。将光标移到图像边缘，按下左键并拖动鼠标，绘制椭圆选区，如图 9-5 所示。

step 03 切换到【通道】面板，单击面板底部的【将选区存储为通道】按钮，再新建 Alpha1 通道。按 Ctrl＋D 组合键取消选区，如图 9-6 所示。

step 04 选中 Alpha 1 通道，单击【通道】面板底部的【将通道作为选区载入】按钮。选中 RGB 通道，切换到【图层】面板中，按 Ctrl＋Shift＋I 组合键执行【反向】命令，按

图 9-4　打开"素材"文件

图 9-5　绘制椭圆选区

图 9-6　新建 Alpha 1 通道

Delete 键删除选区以外区域图像，如图 9-7 所示。

step 05 执行【文件】→【打开】命令，打开"素材\chapter09\背景 1．jpg"文件。按 Ctrl＋A 组合键执行【全选】命令，按 Ctrl＋C 组合键执行【复制】命令。切换到"全家福"文件，按 Ctrl＋V 组合键执行【粘贴】命令，得到"图层 1"，并将"图层 1"移动到图层的最下方。

step 06 选中"图层 0"，按 Ctrl＋T 组合键执行【变换】命令，调整图像到合适大小，最终效果如图 9-8 所示。

图 9-7　删除选区以外区域　　　　　　　图 9-8　"全家福"的最终效果

9.2　【通道】面板

利用【通道】面板可以管理所有通道，包括对通道的编辑、创建、合并以及拆分等操作。

9.2.1　打开【通道】面板

在默认情况下，在工作区中打开一幅图像文件，其【通道】面板就会显示在窗口中。如果没有显示，可执行【窗口】→【通道】命令将其打开，如图 9-9 所示。

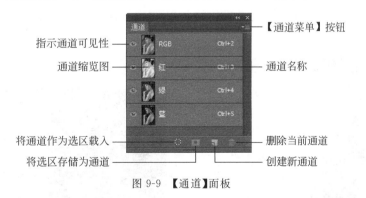

指示通道可见性 —————　　　　　　　　————— 【通道菜单】按钮

通道缩览图 —————　　　　　　　　　————— 通道名称

将通道作为选区载入 —————　　　　————— 删除当前通道

将选区存储为通道 —————　　　　　————— 创建新通道

图 9-9　【通道】面板

9.2.2　认识【通道】面板

1. 指示通道可见性图标（"眼睛"）

此图标与【图层】面板中的可视性图标是相同的，单击该图标可以显示或隐藏当前的

281

通道。当眼睛图标显示时,表示显示当前通道;当眼睛图标消失时,表示隐藏当前通道。

操作提示

> 由于 RGB 主通道是各单色通道的合成通道,因此选中【通道】面板中的某个单色通道时,RGB 主通道将会自动隐藏。如果选择主通道,则由其组成的单色通道将会自动显示。

2. 通道缩览图

显示当前通道的内容,可以通过缩览图查看每一个通道的内容。通道缩览图的大小是可以修改的。在【通道】面板菜单中单击【面板选项】命令,可以打开【通道面板选项】对话框,如图 9-10 所示。

3. 通道名称

通道缩览图的右侧为通道的名称。除新建的 Alpha 通道外,其他的通道是不能更改名称的。

操作提示

> 在新建 Alpha 通道时,如果不为新通道命名,系统将会自动命名为 Alpha 1、Alpha 2…

4.【通道菜单】按钮

通道菜单几乎包含了所有通道操作的命令,单击该按钮,可以打开【通道】面板的快捷菜单,如图 9-11 所示。

图 9-10　【通道面板选项】对话框

图 9-11　【通道菜单】按钮

5.【将通道作为选区载入】按钮

单击该按钮,可以将当前通道作为选区载入。白色为选区部分,黑色为非选区部分,灰色部分表示被选中。

按住 Ctrl 键单击通道缩览图,也可将通道作为选区载入。

6.【将选区存储为通道】按钮

单击该按钮,可以将当前图像中的选区以蒙版的形式保存到一个新增的 Alpha 通道中。此按钮只有在当前通道中有选区时才可用。

7.【创建新通道】按钮

单击该按钮,可以在【通道】面板中创建一个新的 Alpha 通道;如果将【通道】面板中已存在的通道直接拖动到该按钮上并释放鼠标,可以为通道创建一个副本。

8.【删除当前通道】按钮

单击该按钮,可以删除当前选择的通道;如果拖动选择的通道到该按钮上并释放鼠标,可以删除选择的通道。但是,复合通道不能被删除。

9.3 通道的基本操作

9.3.1 通道的复制与删除

1. 通道的复制

选择要复制的通道,复制后的通道具有相同的属性。在 Photoshop CS6 中复制通道有以下 3 种方法。

按 Ctrl 和数字的组合键,可以快速选择通道;按 Ctrl＋2 组合键可以选择RGB 复合通道;按 Ctrl＋3 组合键可以选择"红"通道;按 Ctrl＋4 组合键可以选择"绿"通道;按 Ctrl＋5 组合键可以选择"蓝"通道;按 Ctrl＋6 组合键可以选择Alpha 通道。

(1) 利用【创建新通道】按钮。选择要复制的通道,按住鼠标左键不放,拖动到该按钮上并释放鼠标,此时在【通道】面板中自动生成一个该通道的副本,如图 9-12 所示。

(2) 利用快捷菜单。在需要复制的通道上右击,在弹出的快捷菜单中执行【复制通道】命令,弹出【复制通道】对话框,并进行设置,如图 9-13 所示。

图 9-12 "蓝"通道副本

图 9-13 【复制通道】对话框

（3）利用【通道菜单】按钮。选择要复制的通道，单击该按钮，打开【通道】面板菜单，在弹出的快捷菜单中执行【复制通道】命令，同样可以弹出【复制通道】对话框。

2. 通道的删除

删除图像中不需要的通道，可以减少图像文件的大小，从而提高图像处理的速度。在 Photoshop CS6 中删除通道有以下 3 种方法。

- 将需要删除的通道拖动到【删除当前通道】按钮上并释放鼠标，可以删除通道。
- 选择需要删除的通道，单击【删除当前通道】按钮，可以删除通道。
- 在需要删除的通道上右击，在弹出的快捷菜单中执行【删除通道】命令，可以删除通道。

9.3.2　通道的创建

1. 创建 Alpha 通道

创建 Alpha 通道的作用是存储图像选区，以方便载入使用。在 Photoshop CS6 中新建通道有以下两种方法。

- 利用【创建新通道】按钮：单击【通道】面板中的【创建新通道】按钮，可以创建新的 Alpha 通道，图像窗口以黑屏显示。
- 利用【通道菜单】按钮：单击【通道菜单】按钮，在弹出的快捷菜单中执行【新建通道】命令，弹出【新建通道】对话框并进行设置，如图 9-14 所示。

图 9-14 【新建通道】对话框

> 在编辑图像时,如果创建了多个选区并且对这些选区进行不同的编辑,可以将不同的选区分别存储于通道中,便于以后直接调用或编辑。

2. 新建专色通道

专色通道可以为图像增加一些特殊的颜色,并且在打印时,专色通道将被单独打印输出。在 Photoshop CS6 中新建专色通道有以下方法:

- 单击【通道菜单】按钮▼≡,在弹出的快捷菜单中执行【新建专色通道】命令,弹出【新建专色通道】对话框,主要设置【油墨特性】,如图 9-15 所示。
- 单击【确定】按钮,在【通道】面板上自动生成"专色 1"通道,如图 9-16 所示。

图 9-15 【新建专色通道】对话框

图 9-16 "专色 1"通道

9.3.3 案例操作

【案例 9-3】 抠图是 Photoshop 图像处理中最常见的操作方法,本案例主要结合通道复制操作、【色阶】命令、【反相】命令和画笔工具抠出带有飘扬发丝的人物图像,从而实现换背景效果。

step 01 执行【文件】→【打开】命令,打开"素材\chapter09\素材 3.jpg"文件。

step 02 切换到【通道】面板,选择"蓝"通道,按住鼠标左键不放拖动到【创建新通道】按钮上并释放鼠标,得到"蓝 副本"通道,如图 9-17 所示。

step 03 选中"蓝 副本"通道,执行【图像】→【调整】→【色阶】命令,弹出【色阶】对话框,参数设置如图 9-18 所示。

step 04 将前景色设置为黑色,选择工具箱中的画笔工具,在其属性栏中设置合适的笔刷【大小】,设置【不透明度】为 100%,其他设置用默认值,在人物图像中进行涂抹。涂抹完毕后执行【图像】→【调整】→【反相】命令,如图 9-19 所示。

step 05 按住 Ctrl 键不放,单击"蓝 副本"通道并将其载入选区。单击 RGB 通道,切换到【图层】面板;按 Ctrl+J 组合键,将复制的图像放到新的图层上,得到"图层 1"。为了

图 9-17 "蓝 副本"通道

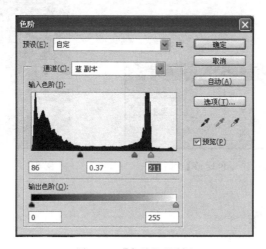

图 9-18 【色阶】对话框

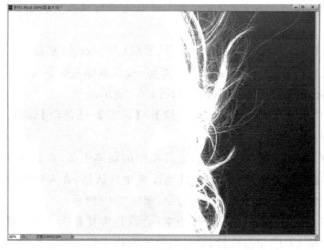

图 9-19 应用【反相】命令的结果

操作方便,隐藏"背景"层,如图 9-20 所示。

图 9-20 复制选区到新的图层中

step 06 执行【文件】→【打开】命令,打开"素材\chapter09\背景 2.jpg"文件。

step 07 选择工具箱中的移动工具,将"背景 2"图片拖曳到主文档中,得到"图层 2",并将"图层 2"拖动到"图层 1"的下方,如图 9-21 所示。

图 9-21 插入背景图片

287

step 08 执行【图像】→【调整】→【亮度/对比度】命令，弹出【亮度/对比度】对话框，参数设置和最终效果如图 9-22 所示。

图 9-22　参数设置和最终效果

【案例 9-4】　本案例主要利用【通道】面板，结合【色阶】命令、画笔工具以及图层混合模式功能，将一幅肌肤呈暗黄色的照片调整成肌肤为粉白色的照片。

step 01 执行【文件】→【打开】命令，打开"素材\chapter09\素材 4.jpg"文件。

step 02 切换到【通道】面板，分别观察几个通道，发现只有"红"通道更接近肤色，所以选择并复制"红"通道，得到"红 副本"通道，如图 9-23 所示。

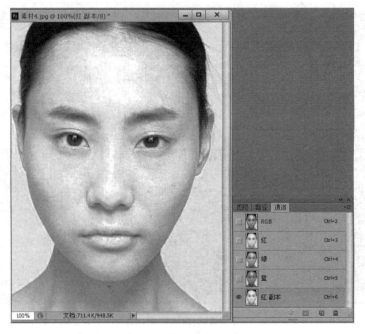

图 9-23　"红 副本"通道

step 03 执行【图像】→【调整】→【色阶】命令,弹出【色阶】对话框,这一操作的目的是使肌肤更接近自然白色,参数设置如图 9-24 所示。

step 04 选中"红 副本"通道,单击【通道】面板底部的【将通道作为选区载入】按钮,将此通道中的图像载入选区,这时会发现图像中的肌肤全部在选区中,如图 9-25 所示。

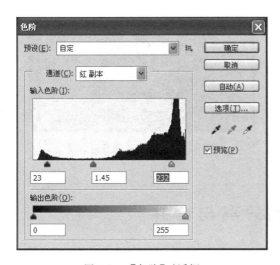

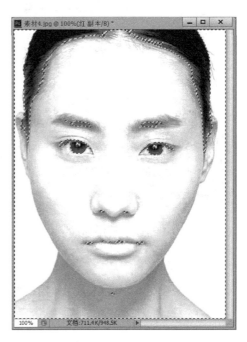

图 9-24　【色阶】对话框　　　　　　图 9-25　将通道作为选区载入

step 05 单击 RGB 通道,切换到【图层】面板。单击【图层】面板底部的【创建新的填充】按钮或【调整图层】按钮,在弹出的快捷菜单中执行【纯色】命令,在弹出的【拾色器】对话框中设置 RGB 值分别为"233、163、163"。

step 06 设置完成后,除了肌肤以外的区域也都变成了粉色,接下来恢复原有的背景色。切换到【通道】面板,选中"颜色填充 1"通道,将前景色设置为黑色,选择工具箱中的画笔工具,选择合适的笔刷和大小,在肌肤以外的区域进行涂抹,再恢复到之前的背景色白色,效果如图 9-26 所示。

step 07 切换到【图层】面板,选中"颜色填充 1"进行填充。将图层【混合模式】设置为"滤色",这时肌肤已接近粉白色了。如果想更接近自然肤色,可将【图层】面板中的【不透明度】进行适当调整,这里为 86%,最终效果如图 9-27 所示。

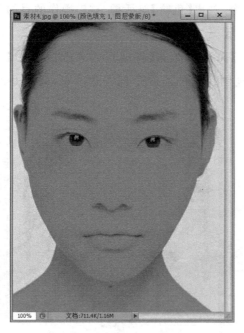 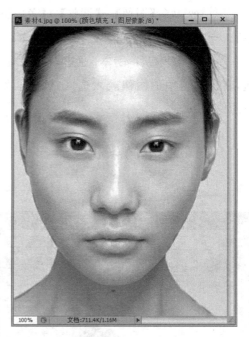

图 9-26　涂抹后的效果　　　　　　　　图 9-27　调整照片的最终效果

9.4　通道的分离与合并

　　为了便于编辑图像,在 Photoshop CS6 中可以将一个图像文件的各个通道分开,使其成为拥有独立文档窗口和【通道】面板的文件,根据需要对各个通道文件进行编辑,编辑完成后,再将通道文件进行合成到一个图像文件中,这即是通道的分离和合并。

9.4.1　通道的分离

　　分离通道是指把图像的每个通道拆分为独立的图像文件,一般情况下,图像存储为支持图像颜色模式的格式,颜色通道才会保留。

　　分离通道的方法如下。

- 在【通道】面板中,单击【通道菜单】按钮▼≡,在弹出的快捷菜单中执行【分离通道】命令。
- 分离后原文件被关闭,每一个通道都是以灰度模式成为一个独立的图像文件,并在其标题栏上显示了文件名。
- 执行【文件】→【打开】命令,打开"素材\chapter09\素材 5.jpg"这个 RGB 图像文件。切换到【通道】面板,执行【分离通道】命令,每一个通道会以文件的形式分离出来,如图 9-28 所示。

(a) "红"通道文件

(b) "绿"通道文件

(c) "蓝"通道文件

图 9-28　分离通道的效果

9.4.2　通道的合并

合并通道就是将多个灰度图像合并为一幅图像。所有被合并的图像都必须为灰度模式,并具有相同的像素尺寸。

合并通道的方法如下。

- 在【通道】面板中,单击【通道菜单】按钮▼☰,在弹出的快捷菜单中执行【合并通道】命令,弹出【合并通道】对话框,如图 9-29 所示。
- 在【模式】下拉列表框中选择"RGB 颜色",【通道】选项值为 3,单击【确定】按钮,弹出【合并 RGB 通道】对话框,如图 9-30 所示。

图 9-29　【合并通道】对话框

图 9-30　【合并 RGB 通道】对话框

- 将【指定通道】进行互换,可以产生意想不到的图像效果,将"红"通道变为"绿"通道,"绿"通道变为"红"通道,得到的效果如图 9-31 所示。

> **操作提示**
>
> 大家可以随意将通道位置互换,看看有什么样的效果。

9.4.3　案例操作

【案例 9-5】　本案例主要利用通道的分离与合并功能,将一幅色调有偏差的图像调整为正常色调的图像。

291

图 9-31 互换通道的效果

step 01 执行【文件】→【打开】命令，打开"素材\chapter09\素材 6.jpg"文件。

step 02 切换到【通道】面板，单击【通道菜单】按钮 ，在弹出的快捷菜单中执行【分离通道】命令，系统自动生成 3 个独立的灰度图像文件，如图 9-32 所示。

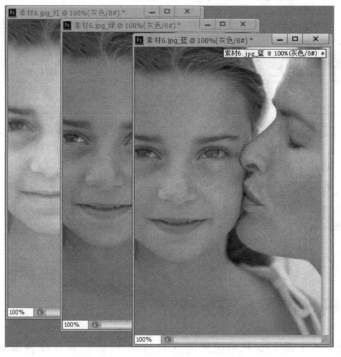

图 9-32 分离图像的效果

292

step 03 再次单击【通道菜单】按钮 ，在弹出的快捷菜单中执行【合并通道】命令，弹出【合并通道】对话框，设置【模式】为"RGB 颜色"、【通道】选项值为 3，如图 9-33 所示。

step 04 单击【确定】按钮后，弹出【合并 RGB 通道】对话框，将"绿"通道和"蓝"通道位置进行调换，效果如图 9-34 所示。

图 9-33　【合并通道】对话框

图 9-34　调整色调后的最终效果

9.5　通 道 蒙 版

9.5.1　通道蒙版的概念

通道蒙版的主要作用是存储图像中的选区，与图层蒙版的作用相似。在通道中创建了蒙版后，可以使用工具箱中的绘图工具以及滤镜等功能对其进行编辑，从而得到特殊的效果，但此效果并不能直接作用于图像中。

9.5.2　通道蒙版的创建

在 Photoshop CS6 中，可以通过以下几种方法创建通道蒙版。

- 使用菜单命令创建：执行【文件】→【打开】命令，打开"素材\chapter09\素材 7 .jpg"文件，使用套索工具在图像中创建选区。

- 执行【选择】→【存储选区】命令，弹出【存储选区】对话框，单击【确定】按钮后，将其保存到新建的 Alpha 1 通道中，即可创建通道蒙版，如图 9-35 所示。

图 9-35　创建通道蒙版

- 使用【将选区存储为通道】按钮创建：在图像中创建选区后，单击【通道】面板底部的【将选区存储为通道】按钮，也可以创建通道蒙版。

9.5.3　快速蒙版

快速蒙版的作用是为选区添加蒙版，单击工具箱中的【快速蒙版模式】按钮，会在图像中产生一个快速蒙版。

操作技巧

　　在工具箱中有两种编辑模式按钮，快捷键为 Q 键，连续按 Q 键可以在两种编辑模式之间进行切换。

9.5.4　案例操作

【案例 9-6】　本案例主要使用快速蒙版的功能，结合滤镜、画笔工具对图像进行特殊效果的处理。

step 01 执行【文件】→【打开】命令，打开"素材\chapter09\素材 8.jpg"文件。

step 02 按 Ctrl+J 组合键，将图像复制到新的图层，得到"图层 1"，如图 9-36 所示。

step 03 选择工具箱中的【快速蒙版模式】按钮，进入"快速蒙版"状态，选择工具箱中的画笔工具，设置合适的笔刷大小，在人物上进行涂抹，如图 9-37 所示。

图 9-36　创建"图层 1"

图 9-37　"快速蒙版"状态

step 04 涂抹完毕后，再次按下 Q 快捷键，或单击工具箱中的【以标准模式编辑】按钮，进入"标准模式"状态，这时在图像中产生了选区，如图 9-38 所示。

操作提示

　　红色所覆盖的区域图像为受保护状态。如在刚才的操作中没有很好地选择快速蒙版选区，可反复按 Q 快捷键，可以在【快速蒙版模式】与【标准模式】按钮之间进行切换。当前景色为黑色时，在图像中涂抹，可增加蒙版选区；当前景色为白色时，可减少蒙版选区。如此反复对快速蒙版选区进行调整，直到使用快速蒙版工具创建出合适选区。

step 05 调整合适后，执行【滤镜】→【模糊】→【场景模糊】命令，弹出【场景模糊】对话框，设置合适的参数值。

step 06 设置完成后，单击【确定】按钮，按 Ctrl＋D 组合键取消选区，最终效果如图 9-39 所示。

【案例 9-7】　在【案例 9-3】中讲解了通过复制某种颜色通道可以实现抠图的方法，本案例主要是利用快速蒙版的功能，实现抠图的另一种方法。

step 01 执行【文件】→【新建】命令，新建一个大小为 15 厘米×10 厘米、颜色模式为 RGB、背景内容为白色、分辨率为 72 像素/英寸的文件，将前景色设置为蓝色并填充图像。

图 9-38　产生选区　　　　　　　　　　　图 9-39　特殊效果处理后的图像

step 02 执行【文件】→【打开】命令，打开"素材\chapter09"目录中的"素材 9.jpg"和
"背景 4.jpg"文件，如图 9-40 所示。将"背景 4.jpg"文件和"素材 9.jpg"文件拖动到主文
档中，按 Ctrl＋T 组合键，缩放图像到合适的大小，如图 9-41 所示。

图 9-40　打开素材文件　　　　　　　　　　图 9-41　创建"图层 1"

step 03 分别将"图层 1"和"图层 2"进行复制，得到"图层 1 副本"和"图层 2 副本"，调
整图层的位置，将"图层 2 副本"和"背景层"显示出来，隐藏其他图层。

step 04 单击工具箱中的【快速蒙版模式】按钮，进入"快速蒙版"状态，切换到【通道】
面板，此时系统会自动生成一个"快速蒙版"通道，选择工具箱中的画笔工具，设置合适的

笔刷大小,在人物上进行涂抹,效果如图 9-42 所示。

图 9-42　"快速蒙版"状态

操作提示

如果看不清楚图片,可以选择缩放工具中的【适合屏幕】选项,用黑色画笔对"图层 2 副本"进行均匀涂抹。如果涂抹错了,再用白色画笔涂抹回来。

step 05 涂抹完毕后,按 Q 快捷键,进入"标准模式"状态,这时在图像中产生了选区。切换到【图层】面板,按 Delete 键删除选区,将背景层隐藏,效果如图 9-43 所示。

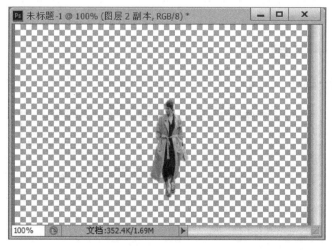

图 9-43　删除所选区域

step 06 将"背景 2 副本"显示出来,效果如图 9-44 所示。

图 9-44　抠图的最终效果

9.6　通道的运算

通道运算就是可以按照各种合成方式合成单个或几个通道中的图像内容。在进行通道运算时,图像的尺寸必须是一致的。

9.6.1　【应用图像】命令

利用【应用图像】命令可以计算处理通道内的图像,使图像混合,从而产生特殊的效果。

1. 打开【应用图像】命令

执行【图像】→【应用图像】命令,弹出【应用图像】对话框,如图 9-45 所示。

图 9-45　【应用图像】对话框

2.【应用图像】对话框中的参数

- 源：用于选择源文件。
- 图层：用于选择源文件的层。
- 通道：用于选择源文件的通道。
- 反相：用于在处理前先翻转通道内的内容。
- 目标：显示目标文件的文件名、层、通道及色彩模式信息。
- 混合：用于选择混合模式，即两个通道对应像素的计算方法。
- 不透明度：用于设定图像的不透明度。
- 蒙版：用于加入蒙版以限定选区。

9.6.2　【计算】命令

利用【计算】命令可以计算处理两个通道内的相应内容，主要用于合成单个通道的内容。

1. 打开【计算】命令

执行【图像】→【计算】命令，弹出【计算】对话框，如图 9-46 所示。

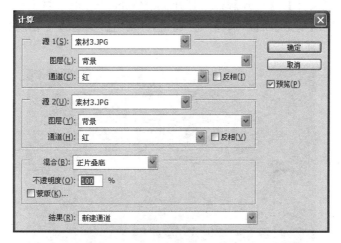

图 9-46　【计算】对话框

2.【计算】对话框中的参数

- 源 1：用于选择源文件 1。
- 图层：用于选择源文件 1 的层。
- 通道：用于选择源文件 1 的通道。
- 反相：用于在处理前先翻转通道内的内容。
- 源 2：用于选择源文件 2 的相应信息。

- 混合：用于选择混合模式。
- 不透明度：用于设定图像的不透明度。
- 结果：用于指定结果的存放位置。

9.6.3　两者的区别

1. 相同点

【计算】命令与【应用图像】命令都是对两个通道的相应内容进行计算处理的命令。

2. 不同点

【应用图像】命令处理后的结果可作为源文件或目标文件使用，而【计算】命令处理后的结果会存放成一个通道，如存成 Alpha 通道，使其可转变为选区以供其他工具使用。

9.6.4　案例操作

【案例 9-8】　本案例主要使用【应用图像】命令和【计算】命令，结合【曲线】命令、【模糊】滤镜和修复画笔工具等，为图像中的人物进行去除斑点，这也是磨皮的一种主要方法。

`step 01` 执行【文件】→【打开】命令，打开"素材\chapter09\素材 10.jpg"文件。

`step 02` 切换到【通道】面板，选择"蓝"通道，并对"蓝"通道进行复制操作，得到"蓝 副本"通道，如图 9-47 所示。

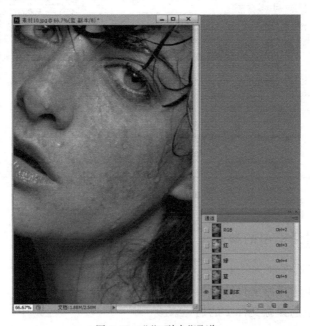

图 9-47　"蓝 副本"通道

step 03 执行【滤镜】→【其他】→【高反差保留】命令，弹出【高反差保留】对话框，图像及对话框的设置如图 9-48 所示。

step 04 单击"前景色"色块，弹出【拾色器】对话框，设置颜色值为 9F9F9F。选择工具箱中的画笔工具，选择合适的笔刷大小，在人物的眼睛和嘴巴的部位进行涂抹，如图 9-49 所示。

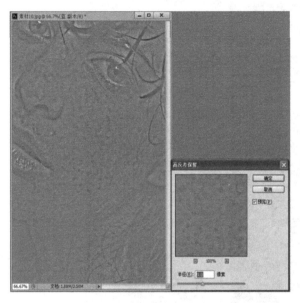

图 9-48　【高反差保留】对话框

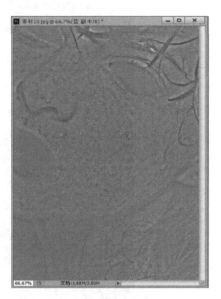

图 9-49　涂抹眼睛和嘴巴

step 05 执行【图像】→【计算】命令，弹出【计算】对话框，设置【混合】项为"强光"。

step 06 设置完成后，会在【通道】面板自动生成 Alpha 1 通道。连续重复以上操作两次，【通道】面板及图像效果如图 9-50 所示。

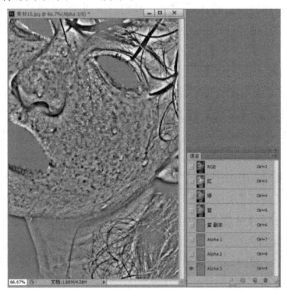

图 9-50　连续应用【计算】命令的效果

301

step 07 这时会看到人物脸部的斑点已经非常明显了,选中 Alpha 3 通道并将其载入选区,按 Ctrl+Shift+I 组合键执行【反向】命令,再单击 RGB 通道。

step 08 切换到【图层】面板,单击【创建新的填充】按钮或【调整图层】按钮,在弹出的快捷菜单中执行【曲线】命令,弹出【曲线】对话框,效果如图 9-51 所示。

图 9-51　设置曲线效果

step 09 按 Ctrl+Shift+Alt+E 组合键盖印图层,得到图层 1,复制背景图层两次,得到"背景 副本"图层和"背景 副本 2"图层,并将这两个图层移动到最上面。

step 10 选中"背景 副本"图层,执行【滤镜】→【模糊】→【表面模糊】命令,弹出【表面模糊】对话框,设置【半径】为 20、【阈值】为 25。

step 11 将图层的【不透明度】设置为 65%。选中"背景副本 2"图层,执行【图像】→【应用图像】命令,弹出【应用图像】对话框,设置"通道"为"红"、【混合模式】为"正常"。

step 12 执行【滤镜】→【其他】→【高反差保留】命令,弹出【高反差保留】对话框,设置【半径】选项值为 0.6,并将"背景 副本 2"图层模式选择为"线性光"图像,效果如图 9-52 所示。

step 13 按 Ctrl 键,单击"图层 1""背景 副本"和"背景 副本 2"图层,将 3 个图层全部选中,右击,执行【链接图层】命令,将 3 个图层链接。然后单击图层右上角的三角形标志,在弹出的快捷菜单中执行【从图层新建组】命令,弹出【从图层新建组】对话框,设置【名称】为"组 1",【模式】为"穿透",如图 9-53 所示。

step 14 按 Alt 键的同时,单击【图层】面板底部的【添加图层蒙版】按钮,为"组 1"图层添加黑色蒙版,图像效果和图层如图 9-54 所示。

图 9-52　图层效果

图 9-53　【从图层新建组】对话框

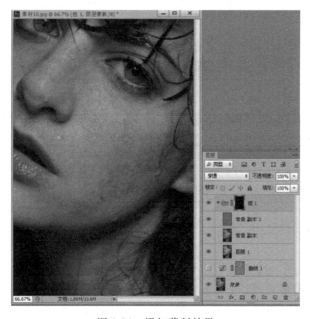

图 9-54　添加蒙版效果

step 15 选择工具箱中的画笔工具，在其属性栏中设置【不透明度】为"85％"，【流量】为 100％，设置前景色为白色，背景色为黑色。选择合适的笔刷在皮肤上涂抹，这时出现有质感的皮肤，斑点消失，如图 9-55 所示。

图 9-55   祛除斑点的最终效果

本 章 小 结

通过本章的学习，应该掌握通道的概念、【通道】面板的基本操作和使用通道抠图的制作方法，掌握通道蒙版和通道计算等通道的高级操作。

思 考 与 练 习

1. 填空题

（1）如果一幅图像 3 个通道的所有色阶信息都一样，整幅图像呈_____色显示。

（2）通道又称为彩色通道，其在 Photoshop CS6 中有两个用途，存储_____和存储_____。

（3）【运算】命令的计算方法与【应用图像】命令极其相似，但不同的是【应用图像】命令的源文件只有_____个,而【运算】命令可以有_____个源文件。

(4) 当 CMYK 模式的图像转换为通道时,产生的通道名称是_____、_____、

_____、_____。

(5) _____色彩模式的图像转换为通道时,建立的通道名称均为 Alpha。

(6) CMYK 模式的图像有_____个颜色通道。

2. 单项选择题

(1) 以下在 Photoshop CS6 中能保留新增图层及新增通道信息的存储格式是(　　)。

　　A. PSD　　　　　　　　　　　　　B. JPEG

　　C. TIFF　　　　　　　　　　　　　D. EPS

(2) 在【通道】面板中按(　　)键可以加选或减选通道。

　　A. Alt　　　　　　B. Shift　　　　　　C. Ctrl　　　　　　D. Tab

(3) 若想使各颜色通道以彩色显示,应选择(　　)命令设定。

　　A. Display&Cursors(显示与光标)　　B. Image Cache(图像高速缓存)

　　C. General(一般)　　　　　　　　　D. Saving Files(存储文件)

(4) 如果在图像中有 Alpha 通道,并需要将其保留下来,应将其存储为(　　)格式。

　　A. PSD　　　　　B. JPEG　　　　C. DCS 2.0　　　　D. PNG

(5) 下面具有计算功能的命令是(　　)。

　　A. 应用图像　　　　B. 复制　　　　　C. 计算　　　　　D. 图像大小

(6) 要更改颜色通道的顺序,下列叙述正确的是(　　)。

　　A. 往上拖动通道,当粗黑线出现在想要的位置时,释放鼠标

　　B. 选中通道,然后在面板菜单中执行【上移一层】命令

　　C. 选中通道,按 Ctrl＋]组合键

　　D. 颜色通道的顺序不能更改

(7) 下面对专色通道的描述正确的是(　　)。

　　A. 在图像中可以增加专色通道,但不能将原有的通道转化为专色通道

　　B. 专色通道和 Alpha 通道相似,都不可以编辑和删除

　　C. Photoshop 中的专色是压印在合成图像上的

　　D. 不能将专色通道和色彩合并

(8) Photoshop 中通道有(　　)。

　　A. 彩色通道　　　B. Alpha 通道　　C. 专色通道　　　D. 路径通道

(9) 在存储选区对话框中要将选择范围与原先的 Alpha 通道结合,可以选择的方法

是(　　)。

　　A. 无　　　　　　　　　　　　　B. 添加到通道

　　C. 从通道中减去　　　　　　　　D. 与通道交叉

(10) 可以将现存的 Alpha 通道转换为选择范围的方法是(　　)。

　　A. 将 Alpha 通道选中并拖到【通道】面板中的【将通道作为选区载入】按钮上

　　B. 按住 Ctrl 键并单击 Alpha 通道

C. 执行【选择】→【载入选区】命令

D. 双击 Alpha 通道

3. 问答题

(1) 什么是通道？

(2) 通道的作用是什么？

实 训 案 例

【案例 9-9】 更换人物背景。

【实训目的】

(1) 掌握通道的基本操作。

(2) 掌握通道抠图的技法。

【实训内容】

本案例主要通过对通道的基本操作，结合钢笔工具、【路径】面板、【反相】命令、图层蒙版等相关知识来制作更换人物背景的效果，并且这又是一种抠图的方法。

step 01 执行【文件】→【打开】命令，打开"素材\chapter09\素材 11.jpg"文件。

step 02 切换到【路径】面板，单击【创建新路径】按钮，得到"路径 1"。

step 03 选择工具箱中的钢笔工具，选择人物的大部分，单击【路径】面板底部的【将路径作为选区载入】按钮，得到的图像效果如图 9-56 所示。

图 9-56　使用钢笔工具制作选区

step 04　执行【选择】→【修改】→【羽化】命令,弹出【羽化选区】对话框,设置【羽化半径】为 2。

step 05　切换到【图层】面板,按 Ctrl＋J 组合键,复制选区里的图像到新的图层中,得到"图层 1",并将其图层隐藏。

step 06　切换到【通道】面板,选择并复制"蓝"通道,得到"蓝 副本"通道,效果如图 9-57 所示。

图 9-57　"蓝 副本"通道

step 07　执行【图像】→【调整】→【反相】命令,效果如图 9-58 所示。

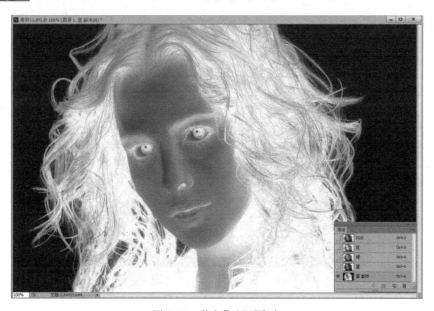

图 9-58　执行【反相】命令

step 08 执行【图像】→【调整】→【色阶】命令,弹出【色阶】对话框,参数设置如图 9-59 所示。

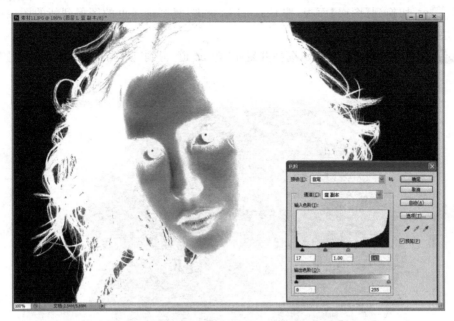

图 9-59 【色阶】对话框

step 09 将"蓝 副本"通道载入选区。单击 RGB 通道,切换到【图层】面板,选择背景图层,按 Ctrl+J 组合键,复制选区里的图像到新的图层中,得到"图层 2"。

step 10 执行【文件】→【打开】命令,打开"素材\chapter09\背景 3.jpg"文件。选择工具箱中的移动工具,将其拖入主文档中,得到"图层 3"。调整图像的大小到合适的位置,并将其移动到"图层 2"的下方。选中"图层 2",执行【图层】→【修边】→【移去白色杂边】命令,再加入背景,效果如图 9-60 所示。

图 9-60 更换人物背景的最终效果

【案例 9-10】　制作苹果字。

【实训目的】

（1）掌握通道的使用方法。

（2）掌握 Alpha 通道。

（3）掌握通道选区的编辑方法。

【实训内容】

本案例主要结合 Alpha 通道、文字工具、【亮度/对比度】命令制作在苹果上写字的
效果。

step 01　执行【文件】→【打开】命令，打开"素材\chapter09\素材 12.jpg"文件。

step 02　选择工具箱中的横排文字工具，在其属性栏中设置【字体】为"华文行楷"，【字
号】为 400 点，字体颜色为"白色"，在苹果上单击并输入"春"，效果如图 9-61 所示。

图 9-61　输入文字

step 03　按 Ctrl 键，单击文字图层，将文字载入选区，并将文字层删除。

step 04　切换到【通道】面板，单击面板底部的【将选区存储为通道】按钮，得到 Alpha 1
通道。

step 05　保持选区的状态，切换到【图层】面板，选中背景层，执行【图像】→【调整】→
【亮度/对比度】命令，参数设置和图像效果如图 9-62 所示。

step 06　切换到【通道】面板，选中 Alpha 1 通道，按 Ctrl＋D 组合键取消选区。执行
【滤镜】→【风格化】→【浮雕效果】命令，弹出【浮雕效果】对话框，参数设置如图 9-63 所示。

step 07　复制 Alpha 1 通道，得到"Alpha 1 副本"通道。选中"Alpha 1 副本"通道，将
其余通道隐藏，执行【图像】→【调整】→【色阶】命令，弹出【色阶】对话框，在对话框的右侧
单击【在图像中取样以设置黑场】按钮，并在图像灰色区域任意位置单击，得到的效果如
图 9-64 所示。

图 9-62　【亮度/对比度】对话框及图像效果

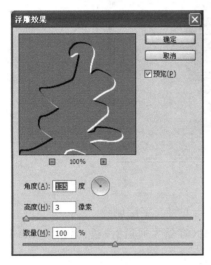

图 9-63　【浮雕效果】对话框

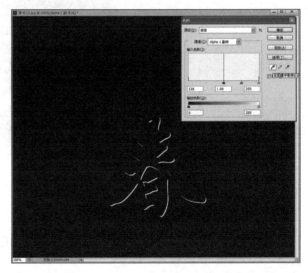

图 9-64　在图像中取样以设置黑场

step 08 单击【通道】面板底部的【将通道作为选区】按钮,得到白色区域选区,切换到【图层】面板,执行【图像】→【调整】→【亮度/对比度】命令,设置【亮度】值为 40。

step 09 切换到【通道】面板,选中 Alpha1 通道,将其余通道隐藏,执行【图像】→【调整】→【色阶】命令,弹出【色阶】对话框,在对话框的右侧单击【在图像中取样以设置白场】按钮,并在图像灰色区域任意位置单击,得到的效果如图 9-65 所示。

step 10 执行【图像】→【调整】→【反相】命令,单击【通道】面板底部的【将通道作为选区】按钮,效果如图 9-66 所示。

图 9-65　在图像中取样以设置白场

图 9-66　应用【反相】命令

step 11 切换到【图层】面板，执行【图像】→【调整】→【亮度/对比度】命令，设置【亮度】选项值为 −40，制作完成的最终效果如图 9-67 所示。

图 9-67　苹果字的最终效果

拓 展 练 习

拓展 1　制作卡通画。

【实训知识点要求】　主要使用 Alpha 通道的基本操作,结合【高斯模糊】滤镜,制作出卡通画的效果。素材与最终效果如图 9-68 和图 9-69 所示。

图 9-68　素材 1.jpg

图 9-69　卡通画最终效果

拓展 2　为人物美白肌肤。

【实训知识点要求】使用【计算】命令,结合【高反差保留】滤镜,再结合为图像添加【曲线】调整图层,从而实现人物美白肌肤的效果。素材与最终效果如图 9-70 和图 9-71 所示。

图 9-70　素材 3.jpg

图 9-71　人物美白肌肤的最终效果

第 10 章　Photoshop CS6 的综合应用

本章导读

　　Photoshop CS6 有着很广泛的应用领域,包括平面设计、修复照片、广告摄影、影像创意、艺术文字、网页制作、建筑效果图后期修饰、绘画、婚纱照片设计等,本章主要通过案例的学习,掌握 Photoshop CS6 在平面设计、修复照片、影像创意、艺术文字、婚纱照片设计等方面的应用,为今后从事相关工作打下坚实的基础。

知识目标

- ➤ 平面设计。
- ➤ 数码照片处理。
- ➤ 文字特效。
- ➤ 实物制作。

能力目标

- ➤ 熟练掌握在平面设计方面的应用。
- ➤ 熟练掌握数码照片处理技巧。
- ➤ 熟练掌握文字特效的制作方法。
- ➤ 熟练运用各种工具制作实物。
- ➤ 熟练掌握 Photoshop CS6 在其他领域中的应用。

10.1　平面设计方面的应用

平面设计是 Photoshop CS6 应用最广泛的领域,无论是图书的封面,还是招贴、海报,这些具有丰富图像的平面印刷品,都需要 Photoshop 软件对图像进行处理。

10.1.1　时尚宣传画设计

宣传画又称为招贴画,是以宣传鼓动、制造社会舆论和气氛为目的的绘画。一幅好的宣传画作品能给人带来艺术的美感。

【案例 10-1】　本案例将制作一幅时尚宣传画,整体效果是让观看者仿佛置身于一个立体的空间里,给人以时尚、夺目的感受。本案例主要利用了【定义图案】命令、【填充】命令以及文字特效来制作。

step 01 执行【文件】→【新建】命令,弹出【新建】对话框,设置背景色为深蓝色,参数设置如图 10-1 所示。

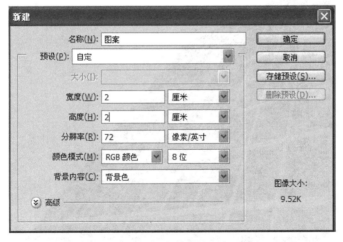

图 10-1　【新建】对话框

step 02 双击背景层,得到"图层 0"。执行【编辑】→【描边】命令,弹出【描边】对话框,设置【宽度】为 3 像素、【位置】选择"内部"、【颜色】为"白色"。

step 03 执行【编辑】→【定义图案】命令,弹出【定义图案】对话框,单击【确定】按钮。

step 04 再次执行【文件】→【新建】命令,弹出【新建】对话框,设置【宽度】为 20 厘米、【高度】为 17 厘米、【背景内容】为"白色",其他参数用默认值。

step 05 新建图层,得到"图层 1"。执行【编辑】→【填充】命令,弹出【填充】对话框。在【使用】下拉列表框中选择"图案",在【自定图案】下拉列表框中选择刚才定义的图案,得到的填充效果如图 10-2 所示。

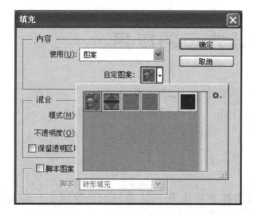
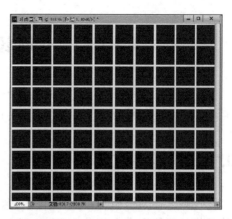

图 10-2 【填充】对话框的效果

step 06 选中"图层 1",按 Ctrl＋T 组合键执行【变换】命令,右击,在弹出的快捷菜单中执行【扭曲】命令,调整图形,效果如图 10-3 所示。

图 10-3 【扭曲】命令

step 07 选择工具箱中的魔棒工具,在白色区域单击,选取白色区域,并将其填充为黑色,效果如图 10-4 所示。

step 08 执行【文件】→【打开】命令,打开"素材\chapter10\素材 1.jpg"文件,选择工具箱中的魔棒工具,将人物选中。

step 09 将选中的人物复制到主文档中,得到"图层 2",调整图像大小到合适的位置,并将"图层 2"的【混合模式】设置为"差值",效果如图 10-5 所示。

step 10 选择工具箱中的文本工具,选择合适的字体、大小和颜色并输入文字 Fashion

图 10-4　填充颜色

图 10-5　【混合模式】设置为"差值"

space，再为文字层设置【外发光】和【斜面和浮雕】图层样式效果，效果如图 10-6 所示。

step 11　再次选择工具箱中的文本工具，选择合适的字体、大小和颜色并输入文字"舞者"，再为文字层设置【外发光】和【斜面和浮雕】图层样式效果，最终效果如图 10-7 所示。

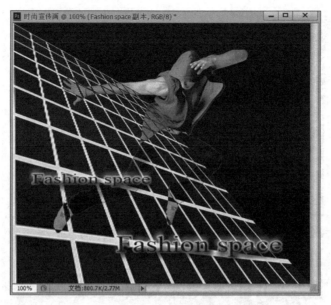

图 10-6　文字效果

图 10-7　时尚宣传画的最终效果

10.1.2　房地产广告设计

　　广告设计是指从创意到制作的整个中间过程。广告设计是由广告的主题、创意、语言文字、形象、衬托 5 个要素构成的组合安排。广告设计的最终目的就是通过广告来达到吸引人眼球的目的。

【案例 10-2】　本案例通过改变图层混合模式,结合【色相/饱和度】和【亮度/对比度】命令、渐变工具以及画笔工具等,来制作房地产广告。

step 01 执行【文件】→【新建】命令,弹出【新建】对话框,参数设置如图 10-8 所示。

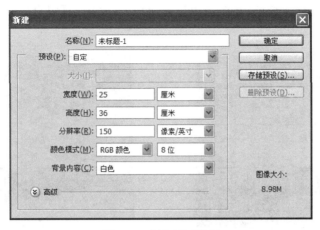

图 10-8　【新建】对话框

step 02 新建图层,得到"图层 1",选择工具箱中的渐变工具,在其属性栏中单击渐变条,弹出【渐变拾色器】对话框,在渐变条中间位置单击,添加一个色标,颜色设置从左向右的值分别为"146、100、2""246、246、120""255、255、207",在文档中拖出渐变效果,如图 10-9 所示。

step 03 选择工具箱中的减淡工具,在其属性栏中设置"柔角"笔刷,并设置【曝光度】为 75%,在图像中进行涂抹,效果如图 10-10 所示。

图 10-9　渐变设置

图 10-10　设置减淡工具

step 04 执行【文件】→【打开】命令，打开"素材\chapter10\素材 2.jpg"文件，并将其拖到主文档中，得到"图层 2"，调整图片大小到合适位置，效果如图 10-11 所示。

step 05 为"图层 2"添加图层蒙版，选择工具箱中的画笔工具，在其属性栏中设置"柔角"笔刷，设置前景色为黑色，在图像中进行涂抹，并将图层【混合模式】设置为"正片叠底"，效果如图 10-12 所示。

图 10-11　素材 2.jpg　　　　　　　　图 10-12　"正片叠底"效果

step 06 复制"图层 2"，得到"图层 2 副本"，用画笔工具在图像中进行涂抹，并将图层【混合模式】设置为"深色"。

step 07 重复上一步操作。将图层【混合模式】设置为"叠加"，图层【不透明度】为 87%。

step 08 复制"图层 2 副本"，得到"图层 2 副本 3"。按 Ctrl＋T 组合键执行【变换】命令，右击，在弹出的快捷菜单中选择【垂直翻转】命令。

step 09 将"图层 2 副本 3"图层【混合模式】设置为"正片叠底"，图层【不透明度】为 66%，选中蒙版缩览图，用画笔工具涂抹，效果如图 10-13 所示。

step 10 为了加强图像的整体效果，可以在图层上应用【色彩平衡】命令和【亮度/对比度】命令的效果。

step 11 执行【文件】→【打开】命令，打开"素材\chapter10\"目录中的"素材 3.jpg"和"素材 4.jpg"文件，并将其分别拖到主文档中，调整大小到合适的位置，得到"图层 3"和"图层 4"。在"图层 4"上执行【扭曲】命令，效果如图 10-14 所示。

step 12 执行【文件】→【打开】命令，打开"素材\chapter10\素材 5.jpg"文件。将其拖到主文档中，使用魔棒工具删除背景颜色，并调整大小及位置，得到"图层 5"，最后加入文字，最终效果如图 10-15 所示。

320

图 10-13　效果图

图 10-14　加入两幅素材并执行【扭曲】命令

图 10-15　房地产广告的最终效果

10.1.3 餐厅 DM 设计

DM 广告，主要以传达商业信息为目的，是现代广告的重要媒介之一。它具有可控制性强、传递快、信息反馈迅速、制作简单和形式灵活等特点，主要表现方式有传单、赠券、折页和广告信函等。

【案例 10-3】 本案例使用钢笔工具、画笔工具以及【彩色半调】滤镜等来制作出餐厅的宣传单。

step 01 执行【文件】→【新建】命令，弹出【新建】对话框，参数设置如图 10-16 所示。

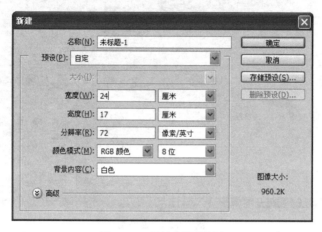

图 10-16 【新建】对话框

step 02 选择工具箱中的渐变工具，渐变样式为"淡紫色到白色"的线性渐变，得到的效果如图 10-17 所示。

图 10-17 渐变效果

step 03 选择工具箱中的钢笔工具，在文档左下角绘制一个封闭路径，按 Ctrl＋Enter 组合键将路径转换为选区，为选区填充渐变效果，渐变样式为"红色到黄色"的线性渐变，得到的效果如图 10-18 所示。

图 10-18　渐变填充选区

step 04 复制 4 次"图层 1"，分别将每一个图层的对象进行移动和调整位置，最后将这 5 个图层合并，得到"图层 1 副本 4"，效果如图 10-19 所示。

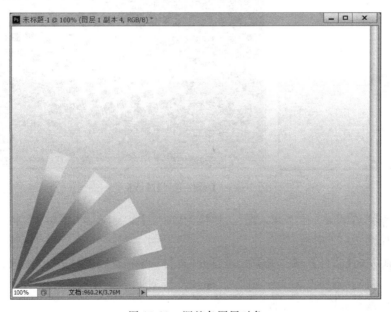

图 10-19　调整各图层对象

step 05 切换到【通道】面板，新建 Alpha 1 通道，选择工具箱中的画笔工具，打开【画笔】面板，选择"柔角"笔刷，【大小】设置为"293 像素"、【间距】为 431%，并在新建通道中拖出一条白色图案，效果如图 10-20 所示。

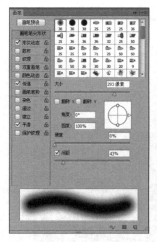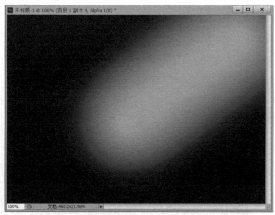

图 10-20　【画笔】面板

step 06 执行【滤镜】→【像素化】→【彩色半调】命令，弹出【彩色半调】对话框，设置【最大半径】为 24，效果如图 10-21 所示。

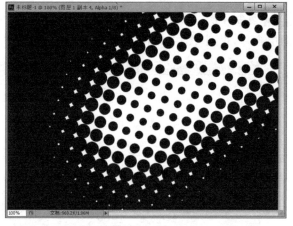

图 10-21　【彩色半调】对话框

step 07 将 Alpha 1 通道载入选区，切换到【图层】面板，新建"图层 1"，将选区填充为白色，效果如图 10-22 所示。

step 08 执行【文件】→【打开】命令，打开"素材\chapter10\ 素材 6.jpg"文件。将其拖入主文档中，得到"图层 2"，并为"图层 2"添加图层蒙版。使用渐变工具，使素材能与背景很好地融合，效果如图 10-23 所示。

step 09 执行【文件】→【打开】命令，打开"素材\chapter10\"目录中的"素材 7.jpg""素材 8.jpg""素材 9.jpg"和"素材 10.jpg"文件，分别拖入主文档中，得到"图层 3""图层 4""图

图 10-22　填充选区

图 10-23　为"图层 2"添加图层蒙版

层 5""图层 6",调整每一张图像的大小和位置,分别给每一个图层添加【斜面和浮雕】图层
样式,【样式】为"外斜面"、【大小】为 10,得到的效果如图 10-24 所示。

step 10　利用前面所学的知识,在页面中添加文字信息,效果如图 10-25 所示。

图 10-24　【斜面和浮雕】图层样式

图 10-25　餐厅 DM 的最终效果

10.2　数码照片处理方面的应用

　　数码照片处理是对数码照片进行分析、修复、美化、合成等。在图形图像处理领域中，照片处理技术属于图像处理的分支，是专门针对数码照片工作的技术。现在很多人都需要通过照片处理软件来修改自己的照片，Photoshop CS6 是目前最好的照片处理软件，因为它有强大的修饰工具,学会使用这些工具会给今后的工作带来很大的帮助。

10.2.1　修复破损的老照片

有些老照片有这某种特定含义,用一些特定的方法将它修复,恢复它原有的光彩。

【案例 10-4】　本案例主要使用 Lab 通道功能,结合修复画笔工具、仿制图章工具和【色阶】命令,将一幅破损严重的老照片修复成原有的相貌。

step 01　执行【文件】→【打开】命令,打开"素材\chapter10\素材 11.jpg"文件,双击背景层,得到"图层 0",如图 10-26 所示。

step 02　执行【图像】→【模式】→【Lab 颜色】命令,切换到【通道】面板,选择"明度"通道。切换到【图层】面板,选择工具箱中的修复画笔工具,在人物的面部、背景和衣服上进行修复,得到的效果如图 10-27 所示。

图 10-26　素材 11.jpg　　　　　　　　　图 10-27　"蓝 副本"通道

操作技巧

> 做这一步操作时可以将图像放大到 200%～300%。

step 03　选择工具箱中的仿制图章工具,接着修复面部和衣服上的纹理,设置属性栏中的【不透明度】为 30%,【流量】为 40%,得到的效果如图 10-28 所示。

step 04　最后一步修复破损的帽子,工具使用和上一步相同,为了增加效果可使用【色阶】命令调整图像的色调,效果如图 10-29 所示。

图 10-28 应用仿制图章工具的效果　　　　图 10-29 修复破损的老照片的最终效果

10.2.2 祛皱术

【案例 10-5】 本案例主要使用修复画笔工具、污点修复工具以及结合模糊工具和【亮度/对比度】命令，基本可以将人物面部的皱纹祛除，从而达到年轻化的效果。

step 01 执行【文件】→【打开】命令，打开"素材\chapter10\素材 12. jpg"文件，如图 10-30 所示。

step 02 选择工具箱中的修复画笔工具，在其属性栏上设置【笔刷大小】为 7，开始细致地在人物面部慢慢修复，以达到满意的效果，如图 10-31 所示。

图 10-30 素材 12.jpg　　　　　　　图 10-31 应用修复画笔工具的效果

操作技巧

> 做这一步的操作关键在于笔刷的【硬度】为 0 以及取样要准确。

step 03 为了进一步美化效果，可选择工具箱中的污点修复画笔工具，在其属性栏上选中【近似匹配】选项，在有残留的地方单击。

step 04 选择工具箱中的模糊工具，设置合适的笔刷大小，在人物面部涂抹，以达到细化肌肤的作用。

step 05 使用【亮度/对比度】命令对人物的明暗度进行调整，最终效果如图 10-32所示。

10.2.3　人物美白祛斑

光滑磨皮是磨皮中最常用的一种方式，同时也是一种较快的磨皮方法。

【案例 10-6】　本案例主要是多次利用【高斯模糊】滤镜命令，把人物图像整体模糊

图 10-32　祛皱的最终效果

处理，结合"图层蒙版"功能来控制模糊的范围即需要处理的皮肤部分，这样可以快速消除皮肤部分的杂色及瑕疵。

step 01 执行【文件】→【打开】命令，打开"素材\chapter10\素材 13.jpg"文件，如图 10-33 所示。

step 02 按 Ctrl＋Alt＋2 组合键，调出高光选区，如图 10-34 所示。

图 10-33　素材 13.jpg

图 10-34　调出高光选区

图像有黑、白、灰 3 个层次，Ctrl＋Alt＋2 组合键用于创建高光层次。白（即高光）的地方为不透明；灰的图像部分为半透明；黑色部分为透明，通过选区创建出本图层的高光部分。这个操作与将 RGB 通道载入选区相同。

step 03 单击【图层】面板底部的【创建新的填充或调整图层】按钮，在弹出的快捷菜单中执行【曲线】命令，弹出【曲线】对话框，如图 10-35 所示。

图 10-35 【曲线】对话框

step 04 新建图层，得到"图层 1"，按 Ctrl＋Alt＋Shift＋E 组合键执行盖印图层的命令。

盖印就是在处理图片的时候将处理后的效果盖印到新的图层上，功能和合并图层差不多，不过比合并图层更实用，因为盖印是重新生成一个新的图层而不会影响之前所处理的图层，这样做的好处是，如果之前处理的效果不太满意，可以删除盖印图层，之前所做效果的图层依然还在。很大程度上方便了处理图片，也可以节省时间。

step 05 选中"图层 1",执行【滤镜】→【模糊】→【高斯模糊】命令,弹出【高斯模糊】对话框,【半径】设置为 5,如图 10-36 所示。

图 10-36　【高斯模糊】对话框

step 06 按住 Alt 键,单击【图层】面板底部的【添加图层蒙版】按钮,为"图层 1"添加黑色图层蒙版。

操作提示

> 　　如果不按 Alt 键添加图层蒙版,当前图层选区处为可见(为蒙版白色区域);如果按住 Alt 键添加图层蒙版,当前图层选区处为不可见(为蒙版黑色区域),选区外为可见。

step 07 将前景色设置为白色,选择工具箱中的画笔工具,设置属性栏的【不透明度】为 50%,单击蒙版缩览图,用画笔工具在人物皮肤面积较大的区域开始涂抹,五官及轮廓边缘位置不需要涂抹,效果如图 10-37 所示。

step 08 重复 step04～step07 操作 3 次,分别得到"图层 2""图层 3""图层 4",【高斯模糊】滤镜【半径】的参数值分别为 2、10、15,处理后的效果如图 10-38 所示。

step 09 经过处理,皮肤已经变得很光滑了。新建图层,得到"图层 5",按 Ctrl+Alt+Shift+E 组合键执行盖印图层命令。将图层【混合模式】设置为"滤色",【不透明度】设置

图 10-37　用画笔工具涂抹

图 10-38　多次处理后的效果

为 20％,效果如图 10-39 所示。

step 10 新建图层,得到"图层 6",按 Ctrl＋Alt＋Shift＋E 组合键执行盖印图层命令。选择工具箱中的钢笔工具,用钢笔工具勾勒出人物面部轮廓。切换到【路径】面板,单击面板底部的【将路径作为选区载入】按钮,将路径转换为选区。再切换到【图层】面板,为"图层 6"添加图层蒙版

step 11 处理轮廓部分,用鼠标单击"图层 6"前面的缩略图,选择工具箱中的涂抹工具,在其属性栏上将【强度】设置为 20％,涂抹面部轮廓,涂抹的方向为由边缘向外涂抹,效果如图 10-40 所示。

图 10-39　【混合模式】设置为"滤色"

图 10-40　涂抹面部选区

step 12 执行【图像】→【调整】→【曲线】命令,调整图像的整体色调,最终效果如图 10-41 所示。

图 10-41　人物美白祛斑的最终效果

10.3　文字特效方面的应用

文字特效是图形图像处理中的又一应用领域,在实际的工作中起着重要的作用。

10.3.1　铁锈文字的制作

【案例 10-7】　本案例主要使用【投影】、【斜面和浮雕】和【内发光】等图层样式,结合【亮度/对比度】命令,为文字添加特殊的效果。

step 01 执行【文件】→【打开】命令,打开"素材\chapter10\素材 14.jpg"文件,如图 10-42 所示。

step 02 选择工具箱中的横排文字工具,设置【字体】为"方正姚体","味"字的【字号】为 220px,"道"字的【字号】为 120px,颜色为"白色",每一个字放一个图层中,效果如图 10-43 所示。

step 03 将背景层隐藏,选中两个文字图层,按下 Ctrl+Shift+E 组合键执行【合并可见图层】命令,将图层名称改为"味道"。

step 04 双击"味道"图层,弹出【图层样式】对话框,选中【内发光】效果,设置【混合模式】为"正片叠底"、【不透明度】为 100%、【颜色】(RGB)为"100、59、0";接着设置【斜面和

333

图 10-42　素材 14.jpg

图 10-43　输入文字

浮雕】效果，参数为默认值，效果如图 10-44 所示。

　　step 05 执行【文件】→【打开】命令，打开"素材\chapter10\素材 15. jpg"文件，并将其拖入主文档中，得到"图层 1"，调整图像大小到能覆盖文字即可，效果如图 10-45 所示。

图 10-44　应用【内发光】和【斜面和浮雕】图层效果

图 10-45　拖入素材 15.jpg

step 06　按住 Alt 键不放,将鼠标置于"图层 1"与"味道"图层之间,鼠标指针改变时单击,创建剪贴蒙版,得到的效果如图 10-46 所示。

step 07　选中"图层 1",选择工具箱中的画笔工具,设置笔刷为"喷溅",【不透明度】为 85%,在文字上单击,效果如图 10-47 所示。

图 10-46 创建剪贴蒙版

图 10-47 设置"喷溅"笔刷

step 08 为"图层 1"添加【投影】图层效果和【内发光】图层效果,效果如图 10-48 所示。

step 09 单击【图层】面板底部的【创建新的填充或调整图层】按钮,在弹出的快捷菜单中选择【曲线】命令,弹出【曲线】对话框,【输入】参数设置为 107、【输出】参数设置为 170,得到"曲线 1"图层。

图 10-48　应用【投影】和【内发光】图层效果

step 10 按住 Alt 键不放，将鼠标置于"曲线 1"图层与"图层 1"之间，鼠标指针改变时单击，创建剪贴蒙版，并为文档输入其他文字，效果如图 10-49 所示。

图 10-49　其他文字效果

step 11 新建图层，得到"图层 2"。选择工具箱中的渐变工具，设置【渐变模式】为"径向渐变"，在"图层 2"中拖出渐变效果，将图层【混合模式】设置为"正片叠底"，最终效果如图 10-50 所示。

图 10-50　铁锈文字的最终效果

10.3.2　火焰文字的制作

【案例 10-8】　本案例主要是利用【风】滤镜、【高斯模糊】滤镜并结合【色相/饱和度】命令制作火焰文字效果。

step 01 执行【文件】→【新建】命令，新建一个大小为 20 厘米×17 厘米、颜色模式为 RGB、背景内容为黑色、分辨率为 72 像素/英寸的文件。在文档中输入"青春无悔"文字，【字体】为"方正姚体"、【字号】为 90px、【颜色】为白色、字体倾斜，效果如图 10-51 所示。

图 10-51　输入文字的效果

step 02 按 Ctrl＋Alt＋Shift＋E 组合键执行【盖印图层】命令,得到"图层 1",执行【图像】→【图像旋转】→【90 度(逆时针)】命令,效果如图 10-52 所示。

step 03 执行【滤镜】→【风格化】→【风】命令,弹出【风】对话框,参数为默认值,再执行两次【风】命令,效果如图 10-53 所示。

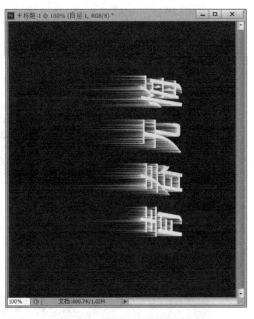

图 10-52　旋转图像的效果　　　　　　　　图 10-53　应用【风】滤镜的效果

step 04 执行【图像】→【图像旋转】→【90 度(顺时针)】命令,将图像再调整回来。执行【滤镜】→【模糊】→【高斯模糊】命令,弹出【高斯模糊】对话框,参数【半径】设置为 4.2 像素,效果如图 10-54 所示。

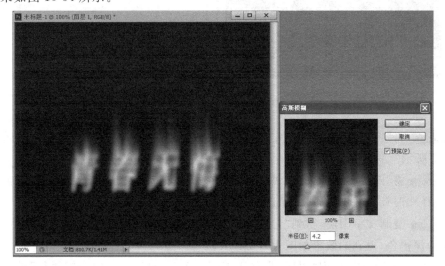

图 10-54　【高斯模糊】对话框

step 05 执行【图像】→【调整】→【色相/饱和度】命令,弹出【色相/饱和度】对话框,选中【着色】复选框,设置【色相】选项值为 43、设置【饱和度】选项值为 94,得到黄色火焰效果,如图 10-55 所示。

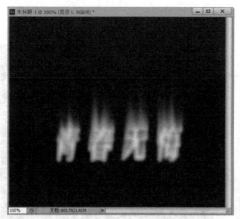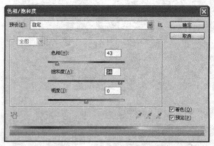

图 10-55 黄色火焰效果

step 06 复制"图层 1",执行【图像】→【调整】→【色相/饱和度】命令,弹出【色相/饱和度】对话框,设置【色相】选项值为-37、其他设置为 0,如图 10-56 所示。

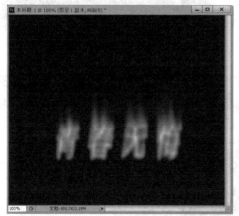

图 10-56 红色火焰效果

step 07 将"图层 1 副本"图层的【混合模式】设置为"颜色减淡",得到的效果如图 10-57 所示。

step 08 将"图层 1"和"图层 1 副本"合并。执行【滤镜】→【液化】命令,弹出【液化】对话框,选择顺时针扭曲工具,对图像进行扭曲操作。

step 09 复制文字图层,得到"青春无悔 副本"图层,并将其移动到最上面,将文字颜色设置为深褐色,得到的效果如图 10-58 所示。

step 10 新建图层,得到"图层 1",按下 Ctrl+Alt+Shift+E 组合键执行【盖印图层】命令,将图层【不透明度】设置为 10%,执行【编辑】→【变换】→【垂直翻转】命令,得到倒影

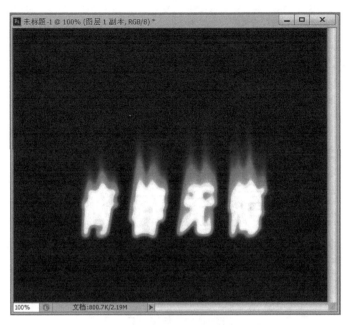

图 10-57　应用"颜色减淡"的效果

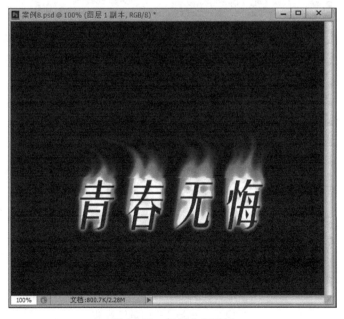

图 10-58　复制文字图层

的效果,如图 10-59 所示。

step 11　执行【文件】→【打开】命令,打开"素材\chapter10\素材 16.jpg"文件。将其拖入主文档中,调整到和文档大小一样,将【混合模式】设置为"滤色",【不透明度】设置为70%,效果如图 10-60 所示。

图 10-59　倒影效果

图 10-60　火焰文字的最终效果

10.3.3　绒毛文字的制作

【**案例 10-9**】　本案例主要利用画笔工具创建绒毛的效果,结合图层样式以及【自由变换】命令制作绒毛文字效果。

342

step 01 执行【文件】→【打开】命令，打开"素材\chapter10\素材 17.jpg"文件，在文档中分别输入 lovely 文字，【字体】为 Gill Sans Ultra、【字号】为 120px、【颜色】为黑色，效果如图 10-61 所示。

图 10-61　输入文字

step 02 选择所有的文字图层，将其拖曳到【创建新组】按钮上，得到"组 1"。隐藏背景层，按 Ctrl＋Alt＋Shift＋E 组合键执行【盖印图层】命令，得到"图层 1"。

step 03 选中"图层 1"，分别设置【投影】、【内阴影】、【斜面和浮雕】和【颜色叠加】图层样式，效果如图 10-62 所示。

图 10-62　应用图层样式效果

step 04 新建图层，得到"图层 2"，将前景色（RGB）设置为"255、150、0"，选择工具箱中的画笔工具，按 F5 键，打开【画笔预设】面板，设置【画笔笔尖形状】为 112，【形状动态】

343

及【散布】参数如图 10-63 所示。

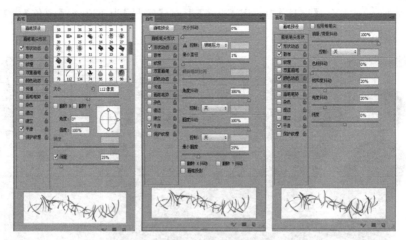

图 10-63 【画笔预设】面板

step 05 选中"图层 2",开始绘制绒毛效果,分别新建"图层 3""图层 4""图层 5",在每一层进行绘制,效果如图 10-64 所示。

图 10-64 绘制绒毛

step 06 隐藏"组 1"和背景层,选择"图层 5",按 Ctrl＋Alt＋Shift＋E 组合键执行【盖印图层】命令,得到"图层 6"。显示"组 1"和背景层,将"图层 6"的【混合模式】设置为"强光",得到的效果如图 10-65 所示。

step 07 复制"图层 6",得到"图层 6 副本"。将"图层 6 副本"的【混合模式】设置为"变亮",添加【投影】图层样式,得到的效果如图 10-66 所示。

图 10-65　应用"强光"效果

图 10-66　绒毛文字的最终效果

10.4　实物制作方面的应用

　　在 Photoshop CS6 软件中,利用丰富的工具和强大的功能,能够制作出精良的实物作品,它的逼真程度可以和真正的实物相媲美。下面将详细介绍明信片、音乐 CD、卷轴画的制作过程。

10.4.1 明信片的制作

【**案例 10-10**】 本案例利用【定义画笔预设】命令和【描边】命令,结合椭圆工具等来制作明信片的正面和背面。

step 01 执行【文件】→【新建】命令,打开【新建】对话框,设置如图 10-67 所示。

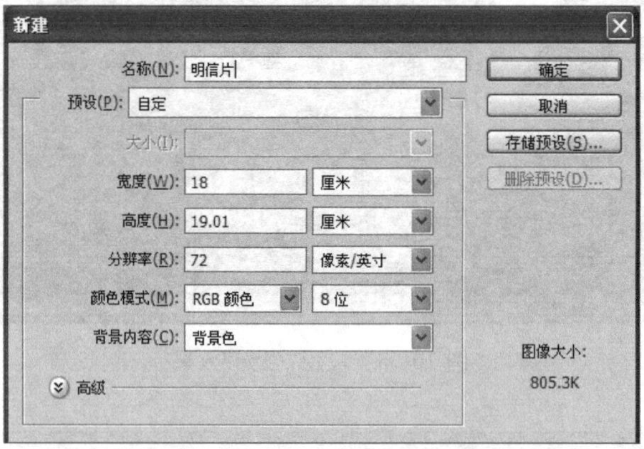

图 10-67 【新建】对话框

step 02 执行【文件】→【打开】命令,打开"素材\chapter10\"目录中的"素材 18.jpg"和"素材 19.jpg"文件,得到"图层 1"和"图层 2",调整图片到合适大小,并将"图层 2"的【混合模式】设置为"正片叠底",在文档中输入文字"2017 丁酉鸡年"和"HAPPY NEW YEAR",颜色为"红色",效果如图 10-68 所示。

图 10-68 输入文字的效果

step 03 执行【文件】→【打开】命令，打开"素材\chapter10\素材 20.jpg"文件，执行【编辑】→【定义画笔预设】命令。

step 04 新建图层，得到"图层 4"。选择工具箱中的画笔工具，在其属性栏中选择"诗词"笔刷，设置【笔刷大小】为 260，图层填充的【不透明度】为 80%，前景色（RGB）为"179、126、57"，在文档的合适位置单击，效果如图 10-69 所示。

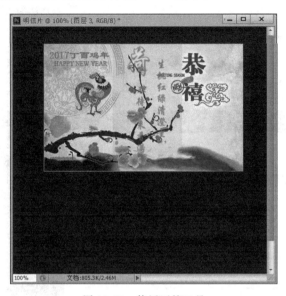

图 10-69　使用画笔工具

step 05 执行【文件】→【打开】命令，打开"素材\chapter10\"目录中的"素材 21.jpg""素材 22.jpg"和"素材 23.jpg"文件，分别拖入主文档中，调整到合适大小，效果如图 10-70 所示。

图 10-70　素材文件

347

step 06 制作邮戳,使用椭圆选框工具制作圆形。新建图层,得到"图层 7",执行【编辑】→【描边】命令,设置【大小】为 1,选择"黑色"且"居外"。使用文本工具添加文字,除了日期字样文字外,其他文字每个字占用一个图层,使用 Ctrl＋T 组合键,调整每个字的位置,效果如图 10-71 所示。

图 10-71 邮戳效果

step 07 合并所有文字图层,最终效果如图 10-72 所示。

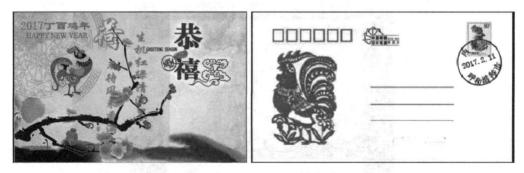

图 10-72 明信片的最终效果

10.4.2 音乐 CD 的制作

【案例 10-11】 本案例利用【标尺】命令,结合矩形选框工具和【图层样式】的相关命令等制作音乐 CD 的效果。

step 01 执行【文件】→【新建】命令,打开【新建】对话框,设置如图 10-73 所示。

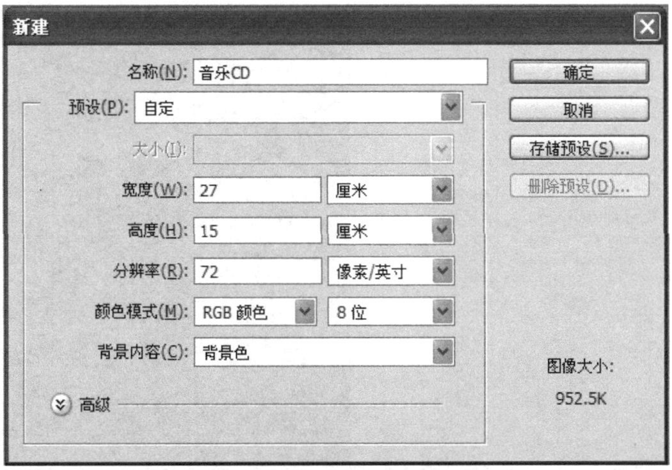

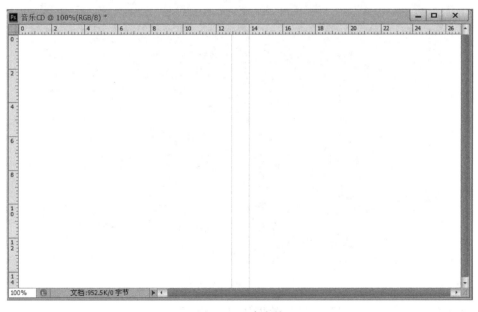

图 10-73　【新建】对话框

step 02 执行【视图】→【标尺】命令,在文档中拖出参考线,如图 10-74 所示。

图 10-74　参考线

    step 03 新建图层,得到"图层 1"。选择工具箱中的矩形选框工具,创建选区,设置前景色(RGB)为"81、106、116",背景色(RGB)为"190、199、199"。使用渐变工具,从左上角到右下角拖出渐变效果,得到的图像效果如图 10-75 所示。

    step 04 按 Ctrl+Shift+I 组合键执行【反向】命令。新建图层,得到"图层 2",使用渐变工具,从右下角到左上角拖出一条渐变,得到的图像效果如图 10-76 所示。

    step 05 新建图层,得到"图层 3"。选择工具箱中的套索工具,自由拖出选区,设置前

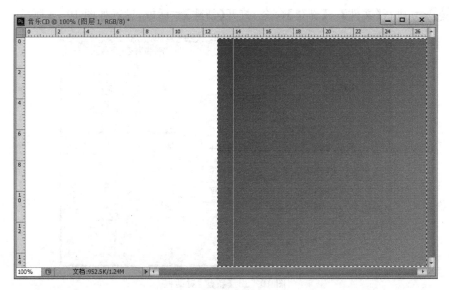

图 10-75　渐变效果(1)

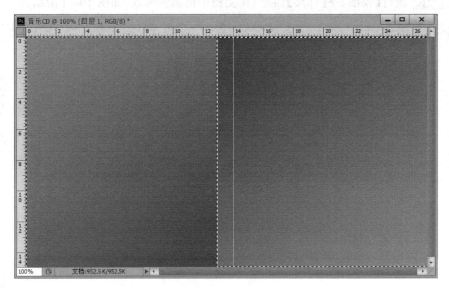

图 10-76　渐变效果(2)

景色为黑色,填充到选区,得到的图像效果如图 10-77 所示。

　　step 06 执行【文件】→【打开】命令,打开"素材\chapter10\素材 24.jpg"文件。选择工具箱中的魔棒工具,选取花朵,将其拖入主文档中,得到"图层 4"。并将"图层 4"移动到"图层 3"的下方,可以适当调整【色相/饱和度】以及添加【投影】图层样式,模式为"强光",效果如图 10-78 所示。

　　step 07 执行【文件】→【打开】命令,打开"素材\chapter10\素材 25.jpg"文件。选择工具箱中的魔棒工具并选取图像,将其拖入主文档中,得到"图层 5",设置图层【混合模式】为"深色",调整【色相/饱和度】对话框中的颜色与花朵接近,效果如图 10-79 所示。

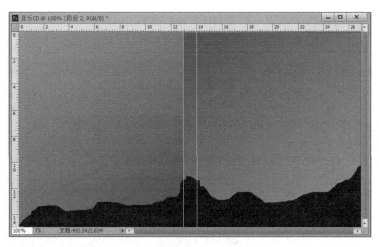

图 10-77　应用套索工具

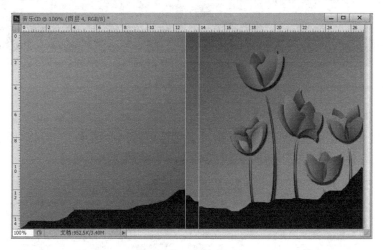

图 10-78　素材 24.jpg

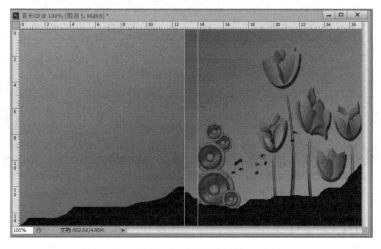

图 10-79　素材 25.jpg

step 08 利用前面所学知识,在"素材 25.jpg"文件中截取音符部分,并将其定义为画笔,在文档中绘制音符效果,可适当添加【投影】图层样式,如图 10-80 所示。

图 10-80　音符

step 09 执行【文件】→【打开】命令,打开"素材\chapter10\素材 26.jpg"文件。选择工具箱中的魔棒工具并选取钢琴,将其拖入主文档中,得到"图层 7",并将"图层 4"移动到"图层 2"的上方,调整图层【不透明度】为 60%,效果如图 10-81 所示。

图 10-81　素材 26.jpg

step 10 执行【文件】→【打开】命令,打开"素材\chapter10\素材 27.jpg"文件。选择工具箱中的魔棒工具并选取图案,将其拖入主文档中,得到"图层 8",设置图层【混合模式】为"深色",效果如图 10-82 所示。

图 10-82　素材 27.jpg

step 11 在文档中输入各种文字效果,将文件保存为".psd"格式和".jpg"格式,如图 10-83 所示。

图 10-83　文字效果

step 12 执行【文件】→【打开】命令,打开"素材\chapter10\CD 盒素材"文件。将背景设置为从黑色到白色的渐变,效果如图 10-84 所示。

step 13 将保存的".jpg"格式文件拖入文档中,使用裁剪工具裁剪出背面图像,执行【编辑】→【变换】→【扭曲】命令,将图像调整到盒内,使用相同的操作再将正面也调整到盒内,效果如图 10-85 所示。

图 10-84　CD 盒素材

图 10-85　CD 盒

step 14　制作光盘部分,隐藏背景层以外的其他图层,利用前面所学的知识制作光盘的外形,填充渐变色,效果如图 10-86 所示。

step 15　执行【文件】→【打开】命令,打开"时尚音乐.jpg"文件。按 Ctrl＋A 组合键、Ctrl＋C 组合键复制图像,保持光盘处于选中状态,执行【编辑】→【选择性粘贴】→【贴入】命令,调整到合适大小,效果如图 10-87 所示。

step 16　执行【文件】→【打开】命令,打开"时尚音乐.psd"文件。复制文字图层到光盘上,调整大小和位置。将制作的光盘图层合并,把其他图层显示,效果如图 10-88所示。

图 10-86　制作光盘的外形

图 10-87　贴入图片

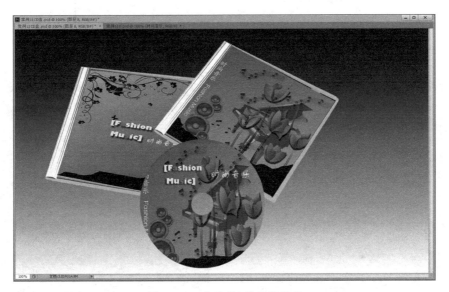

图 10-88　音乐 CD 的最终效果

10.4.3　卷轴画的制作

【案例 10-12】　本案例利用【拼缀图】滤镜和【颗粒】滤镜,结合矩形选框工具以及渐变工具等来制作卷轴画效果。

step 01　执行【文件】→【新建】命令,打开【新建】对话框,如图 10-89 所示,将背景色(RGB)设置为"185、136、4"。

step 02　执行【滤镜】→【滤镜库】→【纹理】→【拼缀图】命令,打开【拼缀图】对话框,设置【方形大小】为 3,【凸现】为 20,效果如图 10-90 所示。

step 03　执行【滤镜】→【滤镜库】→【纹理】→【颗粒】命令,打开【颗粒】对话框,设置【强度】为 20,【对比度】为 36,【颗粒类型】为"垂直",效果如图 10-91 所示。

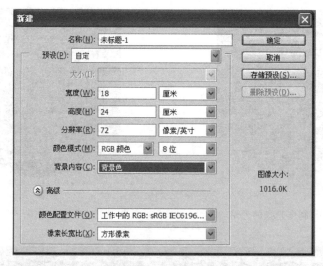

图 10-89　【新建】对话框

图 10-90　应用【拼缀图】滤镜

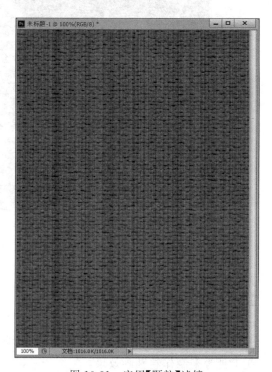

图 10-91　应用【颗粒】滤镜

step 04 新建图层,得到"图层 1",选择工具箱中的矩形选框工具,绘制矩形选区,将前景色(RGB)设置为"218、213、213",填充到选区,效果如图 10-92 所示。

step 05 执行【文件】→【打开】命令,打开"素材\chapter10\素材 28.jpg"文件,将其拖入主文档中,得到"图层 2"。调整到合适大小,效果如图 10-93 所示。

图 10-92　填充选区　　　　　　　　　　图 10-93　素材 28.jpg

step 06 新建图层,得到"图层 3"。选择工具箱中的矩形选框工具,在图像上端绘制矩形选区。将前景色与背景色恢复为默认的黑色和白色,选择工具箱中的渐变工具,拖出线性渐变并填充到选区,效果如图 10-94 所示。

step 07 新建图层,得到"图层 4",将其拖到"图层 3"的下方。选择工具箱中的矩形选框工具,绘制一个长的矩形选区,填充为黑色,效果如图 10-95 所示。

图 10-94　填充渐变　　　　　　　　　　图 10-95　绘制选区

step 08 将"图层 3"和"图层 4"合并,得到"图层 3"。选择工具箱中的模糊工具,处理黑色边缘部分。复制"图层 3",得到"图层 3 副本",将其拖到图像另一端,效果如图 10-96 所示。

图 10-96　卷轴画的最终效果

实 训 案 例

【案例 10-13】　黑白照片上色。

【实训目的】

(1) 掌握【色相/饱和度】命令的使用方法。

(2) 掌握画笔工具的使用方法。

【实训内容】

本案例主要使用【色相/饱和度】命令结合画笔工具为一张黑白照片上色。

step 01 执行【文件】→【打开】命令,打开"素材\chapter10\素材 29.jpg"文件,如图 10-97 所示。

step 02 复制背景层,得到"背景 副本"层,单击【图层】面板底部的【创建新的填充和调整图层】按钮,在弹出的下拉菜单中执行【色相/饱和度】命令,参数及图像效果如图 10-98 所示。

step 03 单击【图层】面板底部的【创建新的填充和调整图层】按钮,在弹出的下拉菜单中执行【色相/饱和度】命令,参数及图像效果如图 10-99 所示。

图 10-97　素材 29.jpg

图 10-98　应用【色相/饱和度】命令(1)

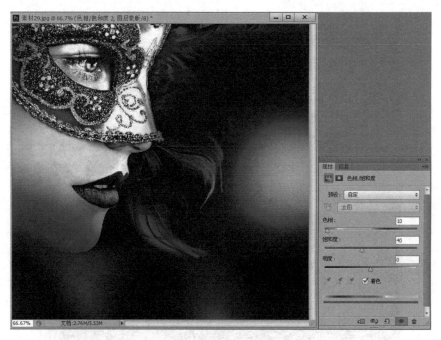

图 10-99　应用【色相/饱和度】命令(2)

step 04 再次单击【图层】面板底部的【创建新的填充和调整图层】按钮，在弹出的下拉菜单中执行【色相/饱和度】命令，参数及图像效果如图 10-100 所示。

图 10-100　应用【色相/饱和度】命令(3)

step 05 选择工具箱中的画笔工具，将前景色设置为黑色，在人物的嘴唇及眼部进行涂抹，效果如图 10-101 所示。

图 10-101　黑白照片上色的最终效果

【**案例 10-14**】　公益广告设计。

【**实训目的**】

(1) 掌握图层蒙版的使用方法。

(2) 掌握【滤镜】命令的使用方法。

(3) 掌握多边形套索工具的使用方法。

【**实训内容**】

本案例主要使用【滤镜】命令并结合多边形套索工具，制作一幅公益广告。

step 01 执行【文件】→【打开】命令，打开"素材\chapter10\素材 30.jpg"文件，如图 10-102 所示。

step 02 新建图层，得到"图层 1"，选择工具箱中的矩形选框工具，在其属性栏中选中【添加到选区】选项，任意拖出宽窄间隔不等的矩形选区并填充为白色，效果如图 10-103 所示。

图 10-102　素材 30.jpg

图 10-103　矩形选区

step 03 执行【滤镜】→【杂色】→【添加杂色】命令，设置【数量】为 100％，再选中【高斯分布】和【单色】选项，参数及图像效果如图 10-104 所示。

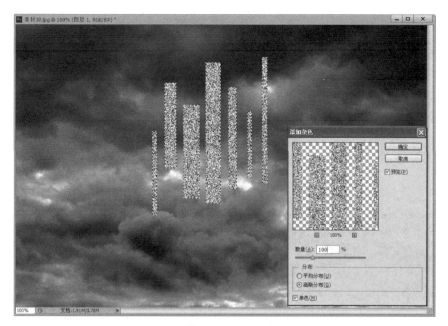

图 10-104　应用【添加杂色】命令

step 04 执行【滤镜】→【模糊】→【动感模糊】命令，【角度】为 90 度、【距离】为 100 像素，参数及图像效果如图 10-105 所示。

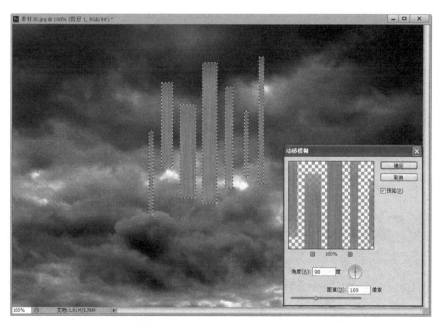

图 10-105　应用【动感模糊】命令

step 05 按 Ctrl＋T 组合键，再按住 Ctrl 键，调整 4 个角上的节点，效果如图 10-106 所示。

363

图 10-106　调整图形

step 06 执行【滤镜】→【模糊】→【动感模糊】命令，【角度】为 90 度、【距离】为 20 像素，执行【图像】→【调整】→【色相/饱和度】命令，调整【亮度】为 80，图像效果如图 10-107 所示。

图 10-107　应用【色相/饱和度】命令

step 07 执行【文件】→【打开】命令，打开"素材\chapter10\素材 31.jpg"文件。选择图像，并拖入主文档中，得到"图层 2"。为"图层 2"添加图层蒙版，选择工具箱中的渐变工具,设置图像的融合效果,如图 10-108 所示。

图 10-108　素材 31.jpg

step 08 选中背景图层,选择工具箱中的多边形套索工具,在光的顶端部分绘制选区,并执行【选择】→【修改】→【羽化】命令,设置【羽化半径】为 20 像素。

step 09 执行【图像】→【调整】→【曲线】命令,调整选区亮度,如图 10-109 所示。

图 10-109　应用【曲线】命令

step 10 选择"图层 1",执行【滤镜】→【模糊】→【高斯模糊】命令,【半径】为 100 像素,输入文字,为文字添加【投影】图层效果,如图 10-110 所示。

图 10-110　公益广告的最终效果

拓 展 练 习

拓展　将照片处理为逆光效果。

【实训知识点要求】　使用【创建新的填充和调整图层】命令及使用【可选颜色】命令调整天空和绿地,结合使用【曲线】命令和【色彩平衡】命令,最后将图层混合模式改为"滤色"。素材与最终效果如图 10-111 和图 10-112 所示。

图 10-111　素材 32.jpg

图 10-112　逆光的最终效果

参 考 文 献

［1］盛秋．Photoshop 超级宝典[M]．北京：人民邮电出版社，2012．

［2］唯美科技工作室．完全实例自学 Photoshop CS5 图像处理[M]．北京：机械工业出版社，2013．

［3］于斌，胡成伟．动漫设计与图像处理案例教程[M]．北京：机械工业出版社，2015．